精英思想會
MIND TALK

成功说

Speaking of Success

〔德〕雷纳·齐特尔曼　编撰

蔡平莉　译

邬明晶　校

社会科学文献出版社
SOCIAL SCIENCES ACADEMIC PRESS (CHINA)

好的格言就是将整本书的智慧浓缩为一句话。

// "A good aphorism contains the wisdom of an entire book in one sentence."

——特奥多尔·冯塔纳

（Theodor Fontane，德国作家）

目 录
Contents

前言 // Preface // 1

1. 其思即其人 // You Are What You Think // 1

2. 目标引领生活 // Goals Will Guide You through Life // 13

3. 获得自信 // Gaining Confidence // 29

4. 做决策 // Making Decisions // 37

5. 学习的热情 // A Passion for Learning // 49

6. 个人成长 // Personal Growth // 65

7. 敢于冒险 // Taking Risks // 75

8. 职业上的成功 // Professional Success // 89

9. 推销与说服 // Selling and Persuading // 109

10. 挣钱 // Making Money // 127

11. 专注于成功 // Focusing on Success // 143

12. 热情是有感染力的 // *Enthusiasm Is Infectious* // **149**

13. 建立信任 // *Building Trust* // **155**

14. 听命于自己 // *Taking Orders from Yourself* // **167**

15. 健康思考，健康生活 // *Healthy Thinking, Healthy Living* // **173**

16. 不要害怕犯错 // *Don't be Afraid to Make Mistakes* // **181**

17. 克服障碍 // *Overcoming Obstacles* // **195**

18. 把烦恼抛诸脑后 // *Keeping Your Worries at Bay* // **205**

人名索引 // *Index of Names* // **214**

关于编撰者 // *About the Author* // **222**

关于本书 // *Abouts the Book* // **223**

前 言

　　德国诗人特奥多尔·冯塔纳曾说过:"好的格言就是将整本书的智慧浓缩为一句话。"本书所收集的格言,为您提供了两千年来众所周知的人物和作家的真知灼见与人生体会,并提炼出其中的精髓。

　　本书旨在激励你反思自我,思考自己的愿望和目标,并赋予你勇气和力量去应对困境。它可以作为日常生活的实用指南,指导你职场内外的工作和生活。这些语录也许还会促使你去了解它们的创作者,并且去阅读他们的作品。

　　本书涵盖了从古典哲学家到当代作家,从成功企业家到神学家、科学家和艺术家的深刻见解。在这里,你会遇到物理学家阿尔伯特·爱因斯坦、文艺复兴时期的画家与雕塑家米开朗琪罗、苹果公司创始人史蒂夫·乔布斯,还有亨利·福特、西塞罗、孔子、叔本华,以及歌德。

　　无论是哲学家、诗人、企业家,还是像拿破仑·希尔、约瑟夫·墨菲或戴尔·卡耐基那样的 20 世纪畅销书作家,他们给出的建议永不过时，也极具话题性。我的选择是基于每句格言的影响力和相关性，而不是以作者的显著地位和滔滔雄辩作为判断标准。

在与格言对应的阐释中，我强调了这些格言在应对日常生活，尤其是职场生活中各种挑战和机遇时的重要性，当然，在其他方面也一样受用。我对这些格言的选择和阐述都是基于个人的主观偏好——这是肯定的。它们反映了我在历史学家、记者、企业家和投资人等各种角色中所获得的人生经验。不可否认，这是非常规的人生轨迹，这也可能在某种程度上解释为什么有时同一个人身上会同时存在不同的观点和个性。

我希望无论你走到哪里，都会有这本小书相伴。它像一部百科全书，可以随时拿出来浏览，而不仅仅是从头到尾泛读一遍。所有这些格言都值得反复阅读，每重读一次都会使人获益良多。我希望书中的一些格言和阐释能帮助你以全新的视角去看待问题。当然，也有些格言起不到这样的作用。

你可以把书中的格言当成超市里的商品——你永远不会一下子把它们全部放进购物车，因为你真正需要的只是其中的一部分，其他的暂时不需要。但是，当你发现自己在几周或几个月后再拿起这本书时，突然觉得对之前没有任何共鸣的一些话有了新的认识——这或许是缘于在此期间你有了新的人生经历。

如果你发现无法在生活中践行这些格言，请不要担心。世界上没有一个人，即使那些创造了这些至理名言的人也不能一直遵循他们所认可的格言行事与生活。就连戴尔·卡耐基这样的人也是如此，他的书为我们应对日常挑战提供了很多很好的建议，但他自己也不能永远恪守这些建议。他公开承认了这一点，这反而让他更受欢迎。

其中，许多逆耳忠言简单易读，且有助于纠正我们顾此失彼的坏习惯……希望这些至理名言中所蕴含的智慧能激励你思考人生，最重要的是——采取行动！如果不付诸实践的话，再高明的见解也一文不值。正如德国诗人歌德所说："仅仅知道还不够，我们必须应用。仅有意愿也不够，我们必须行动。"

雷纳·齐特尔曼博士

2019 年 1 月

- 1 -

其思即其人

// You Are What You Think

人不是命运的囚徒，而是自己思想的囚徒。

// "Men are not prisoners of fate, but only prisoners of their
own minds."

——富兰克林·D. 罗斯福

（Franklin D. Roosevelt，第32届美国总统）

　　人生道路上，阻碍我们取得巨大成就的是我们自己设定的局限与障碍——它们存在于我们的头脑中。一旦我们成功地摧毁了它们，就能完成或实现很多以前做梦都不敢想的事。要改变生活，就必须先转变思想，然后再去尝试改造外部环境。

幸福取决于思想

// "The happiness of your life depends on the nature of your thoughts."

——马可·奥勒留

（Marcus Aurelius，罗马帝国皇帝、哲学家）

　　卡尔·马克思认为存在决定意识，即意识由一个人所处的外部环境所决定。这或许不无道理，但反之亦然，即思如其人，这或许更加重要。对于我们所有人而言，其思即其人。通过对成功、健康和财富的思考，你将集聚成功、健康和财富。但要注意的是反之也成立：忧虑失败、疾病和贫穷也会招致失败、疾病和贫穷。

知之为知之，不知为不知，是知也。

// "The Man who says he can, and the man who says he can
    not...Are both correct."

——孔子

（Confucius，中国古代哲学家）

谷歌创始人拉里·佩奇建议人们"理性放弃不可能之事"。换句话说，我们不能因其"不可能"实现，就急匆匆地舍弃自己的目标和愿望。如果这样做，我们就设置了一个危险的无意识行为，即积极寻找不去尝试的借口。当然，你应该仔细、客观地权衡利弊。先梳理尝试某事的原因，思考实现某个目标的可行性与重要性，确保自己清楚地知道为什么要不顾一切去做某件事。将目标形象化，然后专注于那些会让你成功的理由。回顾一下从前所取得的成就，当时它们看起来似乎不可能实现，因为存在着那么多失败的理由。

思想的力量就像长成参天大树的种子一样无声无息，但它是生活中所有可见变化的根源。

// "The power of thought is as invisible as the seed from which a huge tree grows; but it is the origin of any visible changes in a man's life."

——列夫·托尔斯泰

（Leo Tolstoy，俄国作家）

思想在先，语言在后。当你意识到思想和语言的力量时，生活已经发生变化。独处时，你是否会大声地与自己交谈？开始这样做可能会觉得奇怪，但你为什么不试试呢？不要放弃未尝试的想法——它真的很有效！一起床就对自己大声说出最重要的三个目标。刚起床时你的潜意识比任何时候都更容易受到自我暗示的影响，因为这时你仍然有点疲倦，批判性思维还不够活跃，不能清醒地对自己的话提出异议。

例如，如果你的目标与财务相关，早上起床就告诉自己："到年底我想拥有……美元，潜意识会指导我如何达到目标。"这些话就像种子，如果定期施肥，就会长成茂盛的大树或开出美丽的花朵，而思想正是源源不断的肥料。

无论你的目标是工作还是金钱，是更高职位还是健康，抑或其他任何东西，你的想法都必须是积极、确切、果断且坚定的。不要软弱、摇摆不定地说"也许我能成功""也许这一天会到来""我不知道自己是否能成功""我不知道自己是否能做那件事"等，诸如此类的想法永远无法帮助你取得任何成就。

// "It doesn't matter whether it is work or money, a better position or health, or whatever else it is, your thoughts about it must be positive, clean cut, decisive, persistent. No weak, wobbly 'Perhaps I may get it,' or 'Maybe it will come some time,' or 'I wonder if I shall get this,' or 'if I can do that' sort of thought will ever help you to get anything in this world or the next."

——奥里森·斯威特·马登

（Orison Swett Marden，美国企业家、励志书作家）

你是否经常说："好吧，我试试看？"一开始就让自己或别人接受失败的可能性，其实是想使自己免受失败结果的影响。或者说，"我已经尽力了，没法做得更好。"对能否实现目标的怀疑常常困扰我们，但是这样含糊不清的言辞只会加深对自己的怀疑。阿诺德·施瓦辛格评论说："许多人都带着预设条件去做某件事，如果成功了该多好啊。但这远远不够，你必须对它怀有强烈的情感，要有强烈的成功意愿，热爱这个过程，并不遗余力地去实现目标。"这也正是马登的观点。

一旦你的潜意识里接受了某种想法，它就会推动你立即付诸实施。潜意识能调动你生命中积累的所有知识，挖掘你内在的无限力量、能量和智慧以促成目标的达成。

// "As soon as your subconscious accepts any idea, it proceeds to put it into effect immediately.It works by association of ideas and uses every bit of knowledge that you have gathered in your lifetime to bring about its purpose.I draws on the infinite power, energy and wisdom within you."

——约瑟夫·墨菲

（Joseph Murphy，美国励志书作家）

潜意识是承载个体人生经验和洞见的记忆存储器，而这些经验和洞见通常无法渗入显意识思维。但如果你不断重复地把某些想法或形象印在脑海里，它们最终会生根，你的潜意识就会找到实现目标的途径和方法。你必须学会相信自己的潜意识并利用它的力量。如果只相信显意识，那么我们只利用了百分之五十的心智资源。

洞察力是一种可以看见无形事物的艺术。

// "Vision is the art of seeing things invisible."

——乔纳森·斯威夫特

（Jonathan Swift，爱尔兰作家）

上帝赋予了我们想象力，使我们能看到那些尚未创造出来之物，因此人类可以预见自己未来的面貌。想象力是一切发现和发明的基础，也是商业成功和生活中任何重大改变的基石。爱因斯坦说过："想象力比知识更重要，因为知识局限于我们现在所知道和理解的一切，而想象力则涵盖了整个世界，包括所有尚未了解和理解的东西。"充分发挥你的想象力，梦别人所不敢梦。

当霍华德·舒尔茨成立第一家星巴克时，当雷·克罗克开第一家麦当劳餐厅时，他们看到的远不止眼前，而是遍布全国甚至全球的连锁店。想象力是他们后来取得成功的最重要的基础。霍华德·舒尔茨说："梦别人所不敢梦，想别人所不敢想。"

思想即一切。思想是一切的源泉。思想可以被引导。因此，最重要的是要努力思考。

// "Thought is everything.Thought is the beginning of everything. And thought can be guided.Therefore, the most important thing is to work on your thoughts."

——列夫·托尔斯泰

（Leo Tolstoy，俄国作家）

    我们的行动是由思想与习惯决定的，它们塑造并影响着我们和我们的生活。这就是为什么关注思想如此重要。人类可以通过塑造自身的意识思维来影响潜意识，这是人类历史上最重要的发现之一。你可以像电脑编程一样"编写"自己的潜意识，就像托尔斯泰所说："要努力思考"。

一切无关金钱，只关乎梦想；改变世界的不仅仅是科技，还有梦想。

// "It's not about the money, it's about the dreams. It's not only about the technology that will change the world. It's about the dreams you believe that change the world."

——马云

（Jack Ma，阿里巴巴集团创始人）

创立阿里巴巴时，马云身无分文，但是，从第一天起，他就致力于建立全球领先的互联网企业。他坚信自己的想法，并且说服投资者支持他的梦想。尽管没有清晰的商业模式，甚至没有赚取过一分钱的利润，但他成功地从美国高盛投资银行的中国区负责人林夏如（Shirley Lin）那里筹集到了 500 万美元。因为有了高盛的加入，其他投资者纷至沓来，他们认为，如果高盛支持阿里巴巴，那一定没错。马云成功的根源不是金钱，而是他敢于追求梦想。

- 2 -

目标引领生活

// Goals Will Guide You through Life

对大多数人来说，更大的危险不是我们的目标定得太高，不能实现；而是我们的目标定得太低，太容易达到。

// "The greater danger for most of us lies not in setting our aim too high and falling short; but in setting our aim too low, and achieving our mark."

——米开朗琪罗

（Michelangelo，意大利画家、雕塑家、建筑师）

　　想象一下，等到年老的时候才追问自己：假如当初敢于追求更高的目标，是否能取得更大的成就？这是多么痛苦的感受。很多人没有取得任何伟大的成就是因为他们从未有过伟大的目标。想象一下，朝着伟大的目标前进，并最终实现它，这是多么美好的感觉。你知道，自己终于完成了最初的计划。现在扪心自问，如果有一个更雄心勃勃的计划，你成功的概率有多大？在疑惑时，应把目标设定得稍高于自己的能力，而不应满足于轻而易举或唾手可得的胜利。记住米开朗琪罗的建议，它可能会改变你的生活。你为什么不把目标定得更高？是害怕无法企及吗？如果这么想，你已经失败了，因为你的成就不可能超越最初的梦想。歌德说过这样一句话："没有人知道想象力能带他走多远，除非亲自尝试。"

每个成功者都是梦想家。

// "Everyone who is successful must have dreamed of something."

——美洲原住民马里科帕部落谚语

// Native American Maricopa tribe proverb

　　世上所有的成功者——无论是发明家、运动员、音乐家、作家、企业家还是政治家——在成功之前一定都有梦想。苹果公司创始人史蒂夫·乔布斯、印度民权运动领袖圣雄甘地，以及才华横溢的音乐家莫扎特都是伟大的梦想家，他们的梦想给世界留下一份永恒而伟大的遗产，其影响力远远超越他们所在的时代。

大多数人得不到自己想要的东西，首要原因是不知道自己想要什么。

// "The number one reason most people don't get what they want is that they don't know what they want."

——哈维·艾克

（T. Harv Eker，美国励志书作家）

你有清晰明确的目标吗？你的目标是不是太模糊了？比如，"我想要快乐"。想法很好，可谁不想要快乐呢？所以这不是一个具体的、可以实现的目标。你知道自己究竟想要什么吗？

我的建议是写下自己的愿望和目标。已经有科学证明，那些将自己的愿望和目标以书面形式明确下来的人在生活中会更成功。例如，你可以考虑年初时在笔记本上写下确定的目标和愿望，这会让你更容易达到目标，当然这远远不够。你的目标越形象，在潜意识中就越根深蒂固。你也许想养成每天运用放松技巧的习惯，想象自己的愿望已经实现，并且通过背诵目标来完成这些日常练习。这样，你的目标和欲望就会在潜意识中生根，你很快就会注意到所生活的现实世界已悄然发生变化。

我从这一切中学到的是：没有无法达成的目标——看似不可能的事情，对那些有远见和自信的人来说，也能成为可能。

// "The lesson I have learned throughout all this is that no goal is beyond our reach and even the impossible can become possible for those with vision and belief in themselves."

——理查德·布兰森

（Richard Branson，英国亿万富翁、维珍集团创始人）

有多少次因为自己或别人告诉你这"不现实"就放弃了自己的想法。如果就有一个梦想，为什么不大胆梦想那些似乎无法企及的伟大目标呢？像英国亿万富翁理查德·布兰森这样的人都是务实的梦想家。是什么让他们与众不同？布兰森强调，首先要有远见，并相信自己；敢于向更高的目标迈进并倾听自己内心的声音：你暗暗梦想了多年的东西究竟是什么？其次是自信，这是许多人都缺乏的，但自信如小花，如果悉心呵护就会茁壮成长。要自我批评，但不要贬低自己。回顾那些让人自豪的成就提醒自己曾经克服的重大挑战。拒绝听取那些早已埋葬了自己梦想的"善意"朋友和熟人的建议，它只会加深你的疑虑。通过实现更高的目标，逐渐增强自己的自信，你将能够完成曾经认为不可能的任务。

虽不能凡事尽如人意，但只要尝试，就会得偿所愿。

// "You can't always get what you want. But if you try sometime you find you get what you need."

——米克·贾格尔

（Mick Jagger，滚石乐队联合创始人）

你可能已经听过上千遍滚石乐队的歌了，你考虑过这句歌词的含义吗？我们能在生活中获得的通常不会比渴望得到的多，甚至常常无法达到目标。尽管如此，我们依然应该把目标定得越高越好，努力实现这些目标的过程本身就是回报——最终会得到我们需要的。但是如果胆子太小，甚至不敢尝试去争取内心所渴望的，那我们永远不会成功。

歌词表达了米克·贾格尔的人生哲学，使他成为20世纪最成功的摇滚音乐家之一（即使不是最成功的摇滚音乐家）。顺便说一句，德国社会学家马克斯·韦伯也说过类似的话："当然，所有的历史经验都证实了这一真理——除非人类一次又一次地尝试不可能，否则一切都无法成为'可能'。"

为了让可能的事情发生，你必须不断地尝试不可能的事情。

// "In order to make the possible happen, you have to keep attempting the impossible."

——赫尔曼·黑塞

（Hermann Hesse，瑞士作家）

我们总是急于使用"不可能"这个词，并且用得次数太多。如果回顾一下，你可能会记起曾有多少次你成功地实现了目标，尽管最初在你看来，这些目标都是"不可能"的。下次当你声称有些事情"不可能"时，本着思维经验的精神，通过考虑下面这个问题来考验自己："如果有人答应给我 100 万美元的奖励，我还会认为这件事情不可能吗？"或者："如果我无法完成这件事情，有人就会威胁抢走我的房子，我还会认为这件事情不可能吗？"即使你没有实现"不可能"的事情，但是为此付出了努力，你也会取得超越想象的更多的成就。

理想如明星——虽无法触摸，却能为你指引道路。

// "Ideals are like stars—you can't reach them, but they can guide the way."

——日本谚语

　　理想的真理即目标的真理。目标的重要性在于它给你的生活指明了方向，并驱使你为之努力。你有伟大的愿景，有值得为之奋斗的目标吗？或者，只要你的生活没有任何重大的不幸，你就会快乐吗？你的伟大目标是什么？一旦你回答了这些问题，许多事情就会变得简单，因为现在你明白了自己的奋斗目标，最终能否实现这些目标并不那么重要，至少你有了行动的方向。

相信自己所做的。如果你有一个足够强大的想法，你只需要忽略那些告诉你行不通的人。

// "Believe in what you're doing. If you've got an idea that's really powerful, you've just got to ignore the people who tell you it won't work."

——迈克尔·戴尔

（Michael Dell，美国亿万富翁、戴尔公司创始人）

你的职业规划是否超出了"普通"和"正常"的范围？你梦想过成为超级名模、知名演员或歌手、著名音乐家、作家、艺术家、享誉世界的科学家吗？还是自己创业？大多数人会试图说服你放弃，就像18岁的迈克尔·戴尔经历的那样，当他说想创建一家IT公司与市场巨头IBM竞争时，人们对此嗤之以鼻。听从戴尔的建议，不要理会周围那些告诉你"梦想只是幻影"的人。他们希望你把目光投向一个更"现实"的目标，其中大多数人已经忘记或者放弃了自己年轻时的梦想，这也是他们不希望你成功的原因。即使你不能实现那个伟大的目标，也不要放弃尝试——如果放弃，你就已经失败了。

如果热爱你所做的，并愿意为之付出所有，则可能成功。在孤独的夜晚，你为达成目标冥思苦想的每一分钟，都是有价值的。

// "If you love what you do and are willing to do what it takes, it's within your reach. And it'll be worth every minute you spend alone at night, thinking and thinking about what it is you want to design or build."

——史蒂夫·沃兹尼亚克

（Steve Wozniak，苹果公司联合创始人）

你是否热爱自己的工作？没有人会时刻享受工作的方方面面。但是，除非你真正热爱并享受所做之事，否则你不太可能取得巨大的成功。

自律当然也很重要，但自律本身并不足以实现宏大的目标。热爱你所做的事情是至关重要的——苹果公司联合创始人史蒂夫·沃兹尼亚克和史蒂夫·乔布斯绝对热爱他们所从事的事业，现在苹果公司已经成为世界上最成功的公司之一。

什么样的工作是你真正热爱的？如果你继承了1000万美元的财产，不再需要以工作谋生，你会做什么？不考虑经济因素，你梦想的工作是什么？回答这些问题可以帮助你发现自己真正喜欢做什么。

记住，设定更高的人生目标去追求富足和繁荣并不会比接受苦难和贫穷需要更多的努力。

// "Remember, no more effort is required to aim high in life, to demand abundance and prosperity, than is required to accept misery and poverty."

——拿破仑·希尔

（Napoleon Hill，美国励志书作家）

你是否认为自己没有能力去设定雄心勃勃的目标并坚持不懈地实现它？问问自己还能做什么？每天需要多少体力和精力去承受一份乏味的工作或维持一段令人沮丧的关系？如果你把体力和精力都用来实现目标，而不是去忍受那些难以忍受的事情，设想你能获得什么成就？

在短短一生中要成就伟大的事业，你就必须全身心地投入，对那些活着仅仅为了娱乐的游手好闲的旁观者而言，这样的行为近乎疯狂。

// "He who would do some great thing in this short life, must apply himself to the work with such a concentration of his forces as, to idle spectators, who live only to amuse themselves, looks like insanity."

——约翰·福斯特

（John Foster，英国神学家、散文家）

　　不要让那些没有雄心壮志和明确目标的人影响你，他们可能不理解你，甚至认为你有点疯狂。从他们的角度来看，你所做的事情可能确实看起来很"荒唐"。你应该与其他有抱负、同样"疯狂"的人一起工作，他们会理解你、激励你、鼓励你。每天花 4~5 个小时坐在电视机前、毫无抱负的人永远不会理解一个全身心投入伟大目标并为之奋斗的人。那些缺乏雄心壮志的人选择的生活方式与你不同，你不需要得到他们的认可。

不要纠结于细节和方法，关注最终的结果。无论是健康、财务还是就业问题，圆满地解决问题才是关键。

// "Do not be concerned with details and means, but know the end result. Get the feel of the happy solution of your problem, whether it's health, finances, or employment."

——约瑟夫·墨菲

（Joseph Murphy，美国励志书作家）

如果你只愿意设定一个已经知道用什么方法和手段去达成的目标，那么这个目标一定太低了。

要敢于追求梦想！首先，你需要知道希望从生活中获得什么。如果你每天早上醒来都复述自己的目标，并且每天都通过练习放松技巧把目标规划印到潜意识里，那么你的潜意识就会找到实现目标的方法。就像车载导航系统：你只需输入一个目的地，导航系统就会找到最佳路线。而你，仍需握紧方向盘。

最令人高兴的是，我可以专注于未来希望实现的愿景。当我做白日梦的时候，我能清楚地看到它就在眼前，几乎成了现实，我感觉轻松而不紧张，因为我觉得自己已经实现了目标，这只是时间问题。

// "What I am most happy about is that I can zero in on a vision of where I want to be in the future. I can see it so clearly in front of me, when I daydream, that it's almost a reality.Then I get this easy feeling, and I don't have to be uptight to get there because I already feel like I'm there, that it's just a matter of time."

——阿诺德·施瓦辛格

（Arnold Schwarzenegger，美国健美运动员、演员、政治家）

我们今天看到的一切——最炫的汽车、最高的大厦、最令人兴奋的飞机——在成为物质实体之前，也只是存在于某些人的想象中。认为自己是世界上最好的健美运动员或收入最高的演员，这样的想法远在阿诺德·施瓦辛格成名之前，甚至早在他13岁时就已存在。

学会利用想象的力量把自己塑造成希望成为的人。想象朋友们向你祝贺并说："我们一直相信你可以成功。"一旦你掌握了将目标形象化的方法，你所需要的就是持之以恒，继续努力，直到最终实现目标。

想象你期望的结果，感受它的存在；然后无限的生命天性将回应你的有意识的选择和要求。这就是如果你相信能得到，就会得到。

// "Imagine the end desired and feel its reality; then the infinite life principle will respond to your conscious choice and your conscious request. This is the meaning of believe you have received, and you shall receive."

——约瑟夫·墨菲

（Joseph Murphy，美国励志书作家）

当你处于精神放松的状态时，墨菲的方法就能达到最佳效果。进行自我暗示训练或其他放松技巧的练习吧，一旦完全放松，你就能将目标形象化。练习想象未来的画面，听到别人跟你交谈，看到自己已成功达到目标。如果你将这些画面牢牢地印在潜意识里，它就会想方设法地在现实世界中将其实现。如果你已经熟谙彻底放松技巧，例如你从课堂或书本中学到的自我暗示训练，那么，墨菲的方法将产生奇效。

一旦掌握了放松技巧，你就能将目标形象化，最重要的是将结果形象化，即结果不是未来的一种可能，而是已经存在。注意《圣经》中的时态，乍一看似乎令人惊讶："所以我告诉你们，无论你们祷告祈求什么，只要相信得到了，就会得到。"

- *3* -

获得自信

// Gaining Confidence

人若甘愿当虫，就不应抱怨被践踏。

// "If man makes himself a worm he must not complain when he is trodden on."

——康德

（Immanuel Kant，德国哲学家）

我们都遇到过这样的人，他们总是喜欢贬低自己的成就，给人顺从、焦虑和拘谨的印象，其中也不乏优秀之人。但这种不自信使人们认为他们无足轻重，并对其不屑一顾。

谁会得到更多的尊重？是坚强而自信的人，还是温顺而谄媚的人？也许看起来不公平，但我们都知道自信的人更容易受到尊重。

自信不是与生俱来的。你所认识的那些浑身散发自信的人，那些克服了忧虑、时时处处都感到轻松自在的人，都是通过自己的努力，一点一点地获得自信。

// "No one is born with confidence.Those people you know who radiate confidence, who have conquered worry, who are at ease everywhere and all the time, acquired their confidence, every bit of it."

——大卫·J. 施瓦茨

（David J.Schwartz，美国励志书作家）

　　你希望自己更自信吗？你要牢记自信不是与生俱来的。当然，也有一些幸运儿，他们在童年时期得到了很多认可和欣赏，长大后比同龄人更加自信。但是请记住，不管现在有几分自信，你都可以通过努力增强它。

　　自信就像肌肉一样需要训练才能增强。肌肉训练需要稳步增加其举起的重量。同样，在生活中，你成功解决和克服的问题越多，你的自信心就越强。为自己设定远大的目标，但要确保这些目标是可行的。每完成一个目标，你的自信心就会增强一分。然后你需要面对更大的挑战，解决更大的问题，以增加更多的自信。寻找那些信任你、提升你自信的人，并与之同行；同时，避免接触削弱你的自信的人。从今天开始，写下你所有的优点和成就，以及所有让你觉得自豪的东西。

总是自嘲和贬低自己的行为会摧毁你的自信，不断暗示自己低人一等、不断提醒自己的缺点和弱点，将妨碍你在任何事情上取得成功。

// "Talking disparagingly about yourself, depreciating yourself, is self-deteriorating.The constant suggestion of your inferiority, of your defects and weaknesses, will interfere with your success in anything."

——奥里森·斯威特·马登

（Orison Swett Marden，美国企业家、励志书作家）

　　我们都有和自己的内心保持对话的习惯。你要反思这个对话是建设性的、激励人心，还是失败主义的、让人沮丧的？每当情绪低落的时候，你就应该立刻打断自己的内心对话。建设性的自我批评对你不无裨益，但沮丧的内心对话只会带来伤害。有些人甚至会说"我永远不会有什么成就""我做不到"或者"我太笨了，理解不了"。你的潜意识会像接受积极的、激励人心的暗示一样接受这些消极的暗示。每一次消极的心理暗示都会削弱你的自信心，使你对自己产生怀疑。这就是为什么你需要密切关注和自己对话的方式。设想如果别人在你面前如此诋毁你，你会有什么反应？你很可能会去打断那个人，然后让他滚。所以当你发现在自我贬低或让自己泄气的时候，你也应该这么做。

世上 99% 的人认为自己没有能力成就伟大的事业，所以他们选择平庸的目标。然而，对"现实的"目标的竞争恰恰是最激烈的，也是耗时耗能最多的。

// "Ninety-nine percent of people in the world are convinced they are incapable of achieving great things, so they aim for the mediocre.The level of competition is thus fiercest for 'realistic' goals, paradoxically making them most time and energy-consuming."

——蒂莫西·费里斯

（Timothy Ferriss，美国励志书作家）

　　自信是开启一切的钥匙。自信决定目标的高低，而目标决定我们在生活中能取得多大的成就。我们越自信，目标就越高。很多人都梦想着成功登上顶峰。但是，有多少在大型跨国公司工作的人真正想成为 CEO 呢？有多少男人有勇气追求梦寐以求的女人呢？绝大多数人会做出各种妥协，因为他们觉得自己不配做 CEO，或者得到梦中情人。诚然，追求更高职位和梦中情人的竞争确实激烈——但远没有你想象的那么残酷。下次你去舞会的时候，环顾四周就会发现最漂亮的女人永远不会是那些被搭讪次数最多的人，因为大多数男人缺乏走过去与她们攀谈的自信。

- 4 -

做决策

// Making Decisions

我的一个朋友花了 20 年的时间寻求完美的女人；遗憾的是，当他找到的时候，发现对方也正在寻找一个完美的男人。

// "A friend of mine spent twenty years looking for the perfect woman; unfortunately, when he found her, he discovered she was looking for the perfect man."

——沃伦·巴菲特

（Warren Buffett，美国投资人、亿万富翁）

完美主义会激励我们尽力做到最好，但如果我们把它当作犹豫不决和踌躇不前的借口，完美主义就变成了巨大的阻碍。如果我们接受这样的事实，即自己永远无法做到万无一失，外部环境也从不会完美无瑕。这样岂不更好、更现实呢？如果你坚持等待一个完美时刻，你的结局注定会像巴菲特的朋友一样。

如果有年轻人征询我的意见，看看他的人生胜算几何，我要努力了解他的决断能力。如果他能迅速、果断地做出决定，我敢肯定他终将胜出。

// "When a young man asks my opinion of his chances for success in life, I try to find out something about his ability to decide things.If he can do this quickly, firmly, and finally, I am very sure he will win out."

——奥里森·斯威特·马登

（Orison Swett Marden，美国企业家、励志书作家）

优柔寡断意味着害怕。难以抉择，是因为你缺乏坚信自己的勇气，不相信自己的判断。通常来说，果断决定胜过不断拖延。即使做出错误的决定也没有关系，重要的是我们能从错误及纠正错误中汲取教训。

果断是一种可习得的品质。当然，在做出重大决定之前，你必须慎重考虑自己的选择。但是考虑和犹豫之间有很大的区别。一旦做出决定，你就应该坚持到底，除非有充分的理由表明你需要重新思考甚至推翻这个决定。

对我而言集体决策就是照镜子。

// "My idea of a group decision is to look in the mirror."

——沃伦·巴菲特

（ Warren Buffett，美国投资人、亿万富翁 ）

集体决策未必优于个人决定。许多人缺乏承担责任的勇气和果断决策的魄力，他们乐意接受"集体"决定，因为即使出现问题，自己也不会被问责。

请不要误解我的意思，向其他有想法的人咨询，并且在董事会上接受他们的建议不啻为一个好主意。但是，当涉及做决定这件事时，你必须自己承担责任。人人都乐意邀功，没有人愿意承担责任。沃伦·巴菲特创立了历史上最成功的投资基金，在做决定之前，他也会咨询朋友，但不管失败还是成功，他一定会对自己的决策负责。巴菲特从不盲目跟风，他总是采取与股市主流观点相反的行动。

傲慢是愚蠢的；懂得舍弃也是成功者的特质；在一个项目或一项工作中，不能识别曾经举足轻重的东西已失去原有价值，就像没有上限地赌博一样——既危险又愚蠢。

// "Pride is stupid.Being able to quit things that don't work is integral to being a winner.Going into a project or job without defining when worthwhile becomes wasteful is like going into a casino without a cap on what you will gamble: dangerous and foolish."

——蒂莫西·费里斯

（Timothy Ferriss，美国励志书作家）

这也许有些矛盾：一方面，成功学自助指南里总是充满了鼓舞人心的故事，讲述的是那些在逆境中坚持不懈并取得胜利的人。可是在现实中，很多人缺乏毅力，轻易放弃。另一方面，有些人由于内心的骄傲和虚荣，执着于注定无法成功的计划并最终失败。他们的故事也永远不会被记录在成功学自助指南或传记中。

一名在创业征途中的人，常常会面临进退维谷的局面，是继续直面债务危机，还是承认自己的商业计划并不奏效？他很难做出决断。"别人"会怎么说呢？我看起来像是个傻瓜吗？是坚持原来的计划，还是另谋出路？做决定很难，逃避更不是好的选择。不能让"别人"的看法影响你的决定，毕竟这个决定只关乎你自己、你的金钱和时间，与其他任何人都无关。

宁可执行一个不完美的计划，也不要孜孜不倦去找一个并不存在的完美决定。

// "It is better to execute imperfect decisions than to continuously search for perfect decisions that are never going to exist."

——夏尔·戴高乐

（Charles de Gaulle，法国前总统、将军、政治家）

　　我们经常在没有机会洞悉一切的时候就不得不做出各种各样的决定。但是，如果等到对一切都了然于胸时才做决定，你完全有可能因踌躇得太久而错过了最佳时机。其实很多时候，额外的 10% 的信息并不能帮助你做出更好的抉择。

深思熟虑的决定未必是最好的。

// "He who deliberates lengthily will not always choose the best."

——歌德

（Johann Wolfgang von Goethe，德国诗人）

或许，你有过这样的经历：在一个问题的每个选择之间反复琢磨，犹豫不决，无法做出明确的决定。最终，不得不有所抉择。但是，你确定经过深思熟虑的决定就更好吗？

怎样才能快速做出决定呢？首先也是最重要的，必须明确自己追寻的目标，没有明确的目标很难快速做出决定；其次，对事情的轻重缓急有清晰的认识也有助于快速做出决定。因为一旦明确了事情的轻重，我们就知道哪些方面是重要的，哪些是次要的，从而快速做出决策。

不要过度思考，如果你一直处于思考状态，大脑就无法放松……这并不意味着不动脑筋，但生活有一部分是依靠直觉的，过度分析会让你陷入纷乱的泥沼。

// "Don't overthink. If you think all the time, the mind cannot relax…This doesn't mean that you shouldn't use your brain, but part of us needs to go through life instinctively. By not analyzing everything, you get rid of all the garbage that loads you up and bogs you down."

——阿诺德·施瓦辛格

（Arnold Schwarzenegger，美国健美运动员、演员、政治家）

　　研究发现，人们花在权衡应该采取什么行动上的时间越少，做出的决定反而越好。乍一看，这似乎没有道理。但我们都有直觉和分析两种能力。直觉是我们所经历的所有事情的总和——是内隐的、无意识的学习过程的总和。如果我们总是详尽透彻地分析每一件事，就会慢慢失去直觉的能力。对我们而言，直觉和分析能力一样不可或缺。对创业的学术研究发现，企业家们根据自己的直觉做出大量的决定。如果商业上的成功是留给最有分析能力和丰富书本知识的人，那么工商管理专业教授应该是世界上最富有的人。

对83位诺贝尔科学和医学奖获得者的调查发现，其中72位认为直觉在其成功中发挥了重要的作用。有时直觉是突发的灵感，但有时正如施瓦辛格在上述引文中所说的，它需要一段时间的酝酿。诺贝尔医学奖得主康拉德·洛伦茨 (Konrad Lorenz) 说："如果用力过猛，反而不会有任何结果，只需要适当的压力，然后放松，突然灵光一现，答案就在你面前。"研究者们已经证实："在攻克复杂的问题时，给自己一段时间放松，这能帮助你跳出基于错误假设的固有思维，从而开辟一条解决问题的新思路。"

- 5 -

学习的热情

// A Passion for Learning

生而知之者，上也；学而知之者，次也；困而学之，又其次也。

// "By three methods we may learn wisdom: First, by reflection, which is noblest; second, by imitation, which is easiest; and third by experience, which is the bitterest."

——孔子

（Confucius，中国古代哲学家）

模仿是最快的学习方法。小孩通过模仿父母学习一切，且学习速度快得令人难以置信。作为成年人，我们喜欢强调思维的原创性，往往会为模仿他人而感到羞愧。为什么会这样？俗话说，智者从别人的错误中学习，愚人从自己的错误中学习。沃尔玛的创始人山姆·沃尔顿（Sam Walton）坦率地承认："我所做的大多数事情，都是模仿别人的。"他的方法使他成为美国历史上最富有的人之一。

所以，如果有别人的经验可借鉴，我们为什么要选择一条通过自身的失败来学习的艰难道路呢？

学如逆水行舟，不进则退。

// "No matter how busy you may think you are, you must find time for reading, or surrender yourself to self-chosen ignorance."

——陈独秀

（Chen Duxiu，中国新文化运动的倡导者之一）

　　我总是建议别人，尤其是年轻人：多读书！你应该相信历史上最成功的两位投资人：沃伦·巴菲特和他的合伙人查理·芒格。当被问及如何才能成为一名成功的投资人时，巴菲特的回答总是："尽你所能去阅读。"他不断强调，正是成长过程中的大量阅读使他找到了投资方式，并为以后50年的巨大成功奠定了基础。年仅十岁的时候，巴菲特已经阅读了奥马哈公共图书馆所有标题含有"金融"字样的书籍，其中有些书读了不止一遍。巴菲特不仅阅读金融方面的书籍，他也广泛地研究成功学的书，比如戴尔·卡耐基的经典著作《人性的弱点》，并将知识内容系统化后付诸实践。很多人，可能包括你，都读过戴尔·卡耐基的著作，但仅仅读书并不能使人成功。在研究了卡耐基的书之后，巴菲特决定做一个统计分析，看看如果遵循了卡耐基的原则会有什么结果。周围的人并不知道他在默默地通过观察他们的反应进行试验。他观察到令人欣喜的结果，印证了卡耐基的原则。巴菲特最亲密的合伙人查理·芒格，与巴菲特合作数十年，并共同建立了规模上百亿美元的商业帝国，他的孩子们形容他是一本"长着两条腿的书"，因为据说他每天读一本书。芒格也喜欢阅读关于成功人士杰出成就的书籍。

智者是善于向所有人学习的人。

// "Who is wise? One who learns from all."

——《塔木德》

（*Talmud*，犹太典籍）

　　三人行，必有我师。观察成功者，也观察失败者。通过找出前者成功的经验和后者失败的教训，你可以从中获益。有些人在某些方面，比如智力方面，远不如你优秀，但是在其他方面，他们可能遥遥领先，所以在他们身上你也可以收获良多。与其不断向周围的人说教，不如向他们学习，这更有助于你取得成功。

从经验中学习，但尽可能从别人的经验中学习。

// "You want to learn from experience, but you want to learn from other people's experience when you can."

——沃伦·巴菲特

（Warren Buffett，美国投资人、亿万富翁）

虽然从痛苦中学习是必要的，但是任何理性的人都会尽力避免这种情况发生。的确，我们可以从自己的错误中吸取教训，但是从别人的错误中吸取教训岂不是更好，这样就少了很多痛苦。所以你应该仔细研究其他人所遭受的失败，因为这样可以避免类似的经历。

溺水会让你很快学会游泳

// "A drowning man soon learns to swim."

——约翰·福尔斯

（John Fowles，英国作家）

俗话说，需要乃发明之母。在顺境中，我们往往缺乏学习的动力。因为惰性的存在，在一切顺遂时学习的效果往往不是很好。另外，只有当面对异常棘手的情况和挑战时，我们才不得不去学习。我们别无选择，这就是为什么人在危急时刻才能取得最大的进步。潜意识会调动我们隐藏的创造力，并促使我们利用这些隐性资源。回顾一生，你会发现自己所经历过的最困难的时候也是成长最快的时候。正如法国诗人让·德·拉·布鲁耶尔（Jean de la Bruyere）所言："困境造就奇迹。"

从失败中学习易，从胜利中学习难。

// "Learning from defeat is easy.It's more difficult to learn from victory."

——古斯塔夫·施特雷泽曼

（Gustav Stresemann，德国政治家）

输掉比赛后球队都会分析在球场上所犯的错误，并试图找出失败的原因，以便在今后的比赛中吸取教训。然而，优秀的球队经理也会和球员讨论胜利的缘故，并进行同样深刻的分析。职业生涯的情况也是如此：我们更倾向于问自己究竟做错了什么而不是做对了什么。

但是，除非我们能够将那些促成我们胜利的因素和行为分离出来，否则胜利难以复制。

我没有特殊的才能，只有强烈的好奇心。

// "I have no special talent. I am only passionately curious."

——阿尔伯特·爱因斯坦

（Albert Einstein，物理学家）

不管你怎么理解爱因斯坦对自己没有"特殊的才能"的评价，可以肯定的是那些取得巨大成就的人都有强烈的好奇心。科学家在研究成功与好奇心之间的关系后发现，好奇心比智商更重要，它可以战胜无知。"永远不要停止质疑"，爱因斯坦说。

孩子们总有源源不断的问题，甚至是大多数成年人早已不再思考的问题。现在开始质疑别人所认为的理所当然的一切吧！提出更多的问题！只有愚蠢的人才会刚愎自用，不停说教，而聪明人从不停止发问。"高质量的问题，会让你知道得更多"，阿拉伯谚语如是说。

具体的知识并不那么重要……高等教育的价值在于训练思维而不是记忆事实，这是书本上永远学不到的。

// "Factual knowledge is not that important...The value of higher education is not in memorizing lots of facts, but in the practice of thinking, which can never be learnt from books."

——阿尔伯特·爱因斯坦

（Albert Einstein，物理学家）

这可能有点片面。法国哲学家卢梭曾说："你需要丰富的积累，才能提出正确的问题。"爱因斯坦的观点是，掌握复杂的联系并提出聪明问题的能力比"知识"本身更重要。任何认为"学习"就是"死记硬背"的人都没有抓住重点。我想爱因斯坦不会费心去记住一个算术公式，但他理解并灵活运用这些公式。

拥有大量具体知识但缺乏独立思考能力的人，适合参加智力竞赛，或者解决纵横字谜。但他们所知道的一切只需要轻点鼠标就可以在互联网上找到。这就是为什么这种知识没有太多用处和价值。而创造性思维和解决问题的能力在任何专业领域都受到追捧，且能创造出更大的价值。

人有两只眼睛，两个耳朵，一个舌头，就是要少说多看，少说多听。

// "A man has two eyes and two ears, but only one tongue; therefore, do half as much talking as seeing; and again half as much talking as hearing."

——圣雄甘地

（Mahatma Gandhi，印度民权运动领袖）

你说的时候学到的更多，还是听的时候学到的更多？现在开始提出问题吧，听听智者是如何回答的。专注倾听的确很难。究竟有多少次，当别人还在说话时，你不是认真聆听，而是在心里准备如何应答？不要以为别人注意不到，积极倾听和保持沉默之间有着巨大的区别。

没有必要学习 MBA。大多数 MBA 毕业生都没有用，除非他们来公司时，已经忘记了从学校学到的东西。因为学校教授知识，而创业需要智慧。智慧是通过经验获得的，知识则可通过努力读书获得。

// "It is not necessary to study for an MBA.Most MBA graduates are not useful…Unless they come back from their MBA studies and forget what they've learned at school, then they will be useful. Because schools teach knowledge, while starting businesses requires wisdom. Wisdom is acquired through experience. Knowledge can be acquired through hard work."

——马云

（Jack Ma，阿里巴巴集团创始人）

许多学生认为上大学是为职业生涯做准备的最佳途径。那些希望在职业生涯中实现收入最大化的人尤其看重 MBA。MBA 毕业生的平均工资确实高于非 MBA 毕业生。但这种计算方法常常是种误导，它忽略了学生在很长一段时间内不赚钱的事实。此外，过去的数据与未来的关系也不大。

德国最成功的企业家之一埃里希·席克斯特（Erich Sixt）表示，读 MBA 是浪费时间："这就是我为什么对攻读 MBA 不感兴趣，认为 MBA 毫无意义。唯一让我受益的是一学期的会计课程，其余的课程大部分与现实世界相去甚远，时至今日仍是如此。

许多成功的企业家要么从未上过大学，要么在毕业前就已辍学，包括史蒂夫·乔布斯（Steve Jobs, 苹果公司）、雷·克罗克（Ray Kroc, 麦当劳公司）、史蒂芬·斯皮尔伯格（Steven Spielberg, 著名导演）和詹姆斯·卡梅隆（James Cameron, 著名导演）。你可以在网上找到没有上过大学或辍学的富人和名人的名单，包括俄罗斯亿万富翁罗曼·阿布拉莫维奇（Roman Abramovich）、保罗·艾伦（Paul Allen）和史蒂夫·鲍尔默（Steve Ballmer, 微软公司）、英国亿万富翁理查德·布兰森（Richard Branson, 16岁时辍学）、美国亿万富翁埃德加·布朗夫曼（Edgar Bronfman）等人。还有一些人，如谷歌创始人谢尔盖·布林（Sergei Brin）和沃伦·巴菲特，他们是在致富后才完成学业的。我的一个朋友西奥·米勒（Theo Mueller）甚至高中都没有毕业——他唯一的正式学历来自于职业学校。当他接管父亲的奶牛场时，只有五个工人。如今，他拥有 2.7 万名员工。作为德国最富有的人之一，他身价高达 50 亿欧元。

当说到"知识"时，马云指的是专业知识，"智慧"指的是心理学家所说的"内隐知识"。这种内隐知识不是学校学习的结果，而是通过"内隐学习"而来，是"边做边学"，或"从实践中学习"。关于创业的学术研究表明，这种"内隐知识"比书本知识更有助于创业成功。

我们所知道的比能够表达出来的多。

// "We can know more than we can tell."

——迈克尔·波兰尼

（Michael Polanyi，英籍犹太裔哲学家和博学家）

　　这是哲学家迈克尔·波兰尼的重要见解。"我们所表达的信息总会遗漏一些自己说不出来的内容，而听众必须依赖对这些内容的感知才能和我们达成有效沟通。为了说明内隐知识和外显知识、能力和理论知识之间的区别，波兰尼列举了一系列例子。他说："对汽车理论知识的学习不能代替司机的技能；我们对自己身体的认识与身体本身的构造也是不尽相同的；读懂一首诗并不需要了解韵律规则。"那么，它们的相关性在哪里？首先，你需要认识到理论学习和有意识的知识获取过程只是学习的一种形式，我们经常无意识地从重要的经验中学习，而这些经验的积累形成我们通常所说的直觉。成功人士往往相信自己的直觉——他们知道一个特定的决定是对还是错，即使他们很难解释原因：我们所知道的远比我们能说出来的多。

教书是教学相长的过程。

// "Teachers not only teach, but they also learn."

——美洲原住民苏克部落谚语

// Native American Sauk tribe proverb

当我讲课或写书时，不仅是我的听众和读者在学习，我自己也获益良多。例如，写这本书时，我必须去了解成功人士以及他们的智慧。自然地，就学到了很多东西。

如果你想快速学习、增长知识，做老师是很好的选择。在构思你想法的过程中，无论是书面的还是口头的，你都能让自己的思路变得更加清晰。你在回答听众或学生的问题时，或回应批评时，也会学到东西。一遍又一遍地重复某些事情，这些事情就会印在你的潜意识里。

- *6* -

个人成长

// Personal Growth

关注自己的发展，不断学习。如果你对今天的生活状态不满，不要责怪上帝或他人，只能怪自己。

// "Pay attention to your own development and keep learning constantly. Never blame God or others for your position in life. Blame yourself."

——马云

（Jack Ma，阿里巴巴集团创始人）

成功者和失败者的区别在于，失败者总是把失败的原因归咎于别人。如果在学校表现不好，他们责怪老师；在生活中不成功，他们责怪社会或父母。成功者则不同，他们接受成功的荣誉，但更重要的是承担失败和挫折的后果。他们不会认为自己是外部环境的受害者，相反，他们知道自己是命运的塑造者。马云坚持认为他成功的关键在于他总是问"我哪里不对"，而不是"别人哪里不对"。

成长来自于不满。

// "A man who is not satisfied with himself, will grow."

——阿拉伯谚语

// Arabic proverb

不满是人类进步的源泉，也是个人成长的动力。

当然，我说的不是满腹牢骚者没完没了的抱怨，而是富有成效的、乐观的不满。对身体的不满会促使我们积极锻炼，对经济状况的不满会促使我们寻找更好的赚钱、存钱和投资的方法。

为了成长，我们必须强化不满意的程度，而强化不满的方法就是制定更高的目标。现状与对美好生活的向往之间的紧张关系，会产生一种积极的不满情绪，这种不满情绪是推动个人成长的动力，并会为生活带来积极的改变。

我一直认为自己不够好，不够聪明，不够强壮，没有取得足够高的成就；我曾经做过的事情其实都可以做得更好。

// "I think I've always been driven by feeling that I wasn't good enough, smart enough, strong enough, that I hadn't achieved enough.There's nothing I've ever done that I couldn't have done even better."

——阿诺德·施瓦辛格

（Arnold Schwarzenegger，美国健美运动员、演员、政治家）

阿诺德·施瓦辛格出身于奥地利的一个村庄，家境贫寒。尽管如此，他依然成了世界著名的运动员、演员和政治家，并积累了数亿美元的财富。无论多么辉煌的成就，于他而言都是通向更高目标的桥梁。

"我们的绊脚石是太容易满足。"这是罗马政治家塞内加的格言，也是指导施瓦辛格一生的原则。随着肌肉的增长，他自身也在成长，总有一种特别的渴望驱使他去认识和探索自己的极限。通过阅读阿诺德·施瓦辛格等成功人士的传记，你可以在人生规划方面获得更多灵感。

生命的意义不只是存在、生存，而是前进、提升、成就与征服。

// "The meaning of life is not simply to exist, to survive, but to move ahead, to go up, to achieve, to conquer."

——阿诺德·施瓦辛格

（Arnold Schwarzenegger，美国健美运动员、演员、政治家）

生命的意义是什么？大多数人会说：幸福。但什么是幸福？是成长还是停滞，是征服还是被征服？你生活的目标是什么，是毫无目的地随波逐流，还是朝着自己心中的目标勇敢前进？

没有最好，只有更好。

// "Being the best does not mean you can't be even better."

——泰格·伍兹

（Eldrick "Tiger" Woods，职业高尔夫球手）

普通人和他人竞争。但顶尖人物，比如高尔夫运动传奇人物"老虎"伍兹，则更多地和过去的成就竞争。他们的动机是提高并超越自己。不进则退是普遍真理，正如亨利·福特曾经说过的："无论你拥有什么，若非使用，便会丧失。"

成功与平均定律相关。你必须增加与人交往的机会，建立更多联系，才能打开更多的成功之门。

// "Success is about the law of averages.You have to increase the number of opportunities you have to meet people, establish a network, open more doors."

——法拉·格雷

（Farrah Gray，美国白手起家的亿万富翁）

法拉·格雷赚取第一个百万美金时只有 14 岁。如今，他撰写励志书籍，并发表如何致富的演说。在出版了第一本书后，他发送了 3 万封电子邮件去寻求公开演讲的机会，他认为发出的邮件越多，收到的回复就越多。听起来很有道理，是吧？请听从他的建议：给素未谋面的人写信介绍自己，在会议和其他活动中，抓住一切机会接触你想认识的有趣的人。

许多努力可能都是徒劳，但你最终将会建立很多有价值的联系。当然，这需要足够的自信，你需要明白，也许与大多数人的接触都是徒劳无功的，但在这个过程中你一定会接触到一些有价值的人，如果不尝试则永远没有机会。

一个人越聪明，越需要上帝来制止他的自以为是。

// "The smarter a man is the more he needs God to protect him from thinking he knows everything."

——美洲原住民皮马部落谚语

// Native American Pima tribe proverb

　　相较于其他人，聪明且成功的人知识更渊博，也更优秀，这是显而易见的。但是，经常这样想会招来巨大的危险：他们有时会高估自己，甚至认为自己无所不知。在古希腊悲剧中，这种傲慢被称为狂妄自大，这常常使人堕落。狂妄自大的人常常会受到诸神的惩罚，甚至毁灭和死亡。

- 7 -

敢于冒险

// Taking Risks

如果你所有的尝试都成功了，说明你所尝试的太容易了。

// "If everything you try works, then you are not trying hard enough."

——戈登·摩尔

（Gordon Moore，美国 IT 业先驱、英特尔公司联合创始人）

　　成功者并不意味着永不失败。相反，成功者会给自己设定远大的目标，并不断尝试，直到实现为止。在尝试之前，他们不会要求万无一失。他们很清楚，很多尝试是行不通的。正如著名电影导演伍迪·艾伦所说："如果没有一次又一次的失败，就说明你行事太谨慎了。"

　　就连沃伦·巴菲特这样的金融天才，每年都要承认有些投资是完全失败的。没有人能百分之百地正确，你也不必如此，只要正确的次数比错误多就行了。

　　如果你对即将开始的冒险没有心怀忐忑，意味着你还不够大胆。

疯狂就是反复做着同样的事情，却期待不同的结果。

// "Insanity: doing the same thing over and over again and expecting different results."

——阿尔伯特·爱因斯坦

（Albert Einstein，物理学家）

人们总是固守同样的态度或方法，即便不能总是因此而得到令人满意的成果。职业运动员都知道当他们的成绩开始下滑时就应该尝试新的方法。不改变训练计划而只是简单增加运动量并不能帮助他们取得更好的成绩。

到目前为止，你们所取得的一切成就都是建立在既定的态度和方法上的。如果你想取得更大的成就，就必须改变你的态度，尝试新的方法，这些方法是否有效不能仅靠独立思考来判断，而需要在实践中检验。除非你愿意去尝试和改变，否则将永远无法超越过去的成就。

人们不能很好地适应变化，一方面是不能违背自然规律，另一方面放弃明知有效的方法总是很难。所以，一个谨慎的人，在需要冒险的时候会因为无所适从而失败。但是，除非他能随着时代的发展而改变自己的行为，否则命运永远不会改变。

// "But a man is not often found sufficiently circumspect to know how to accommodate himself to the change, both because he cannot deviate from what nature inclines him to, and also because, having always prospered by acting in one way, he cannot be persuaded that it is well to leave it; and, therefore, the cautious man, when it is time to turn adventurous, does not know how to do it, hence he is ruined; but had he changed his conduct with the times fortune would not have changed."

——马基雅维利

（Niccolò Machiavelli，意大利政治家、思想家、历史学家）

伴随着微小成功而来的危险是对变革的建议充耳不闻。这就是为什么成功往往是取得更大成功的最大敌人。如果有的方法明显不奏效，人们就更有可能听取他人的意见，采纳新的方法和程序。但如果他们总是用某种方法取得好的结果，他们会说："这种方法一直很有效，我为什么要改变呢？"他们没有考虑到的是，某种方法一直有效并不意味着没有其他更好的选择。那么，你愿意重新考虑那些对你一直都很有帮助的想法吗？

除非你愿意探索并有尝试的勇气，否则不会找到解决问题的新方法。当然，他们也许不会达到预期的结果，但尝试越多，成功的可能就越大。打破常规，甚至改变你的习惯，看看你是否能找到行之有效的新方法。

// "You won't find new ways of solving problems unless you look for new ways and have the nerve to try them when you find them.They won't all work as expected, of course.The more you experiment, the more successful your experiments will be. Break your routines, even to the point of changing ones you are happy with, to see if you can find new and better methods."

——加里·卡斯帕罗夫

（Garry Kasparov，俄罗斯国际象棋大师）

习惯可以是朋友也可以是敌人。的确，新的方法未必更好。有时，我们必须采用已被证明行之有效的方法。但更多时候，也不妨放弃旧习惯，尝试新东西。

为什么我们常常缺乏改变的勇气？如果坚持已知的方法，结果也是已知的。一旦开始试验新的方法，我们就跳出了习惯的安全范围。

做出改变是取得更大进步的唯一办法，我们需要改变的是什么，是态度和信念。我们今天的地位和取得的成就都来源于自己坚持的信念。只有放弃或修正这些态度和信念，才能获得我们渴望但不曾拥有的东西。

生活意味着变化，拒绝改变，已拥有的东西甚至也会失去。

// "Living means changing–if you don't change, you will lose even that which you would like to preserve."

——古斯塔夫·海涅曼

（Gustav Heinemann，德意志联邦共和国第三任总统）

你是否有时会回避尝试新事物的风险？谁会因此责备你呢？没有人愿意承担不必要的风险，也没有人愿意放弃已拥有的安全感。但你真的确定，不承担任何风险，不做任何改变就能保持现状？世界在不断地变化和发展，全球化影响着我们每一个人。那些原地踏步、一成不变的人，可能将面临最大的风险。

自满的公司是没有前途的。成功的企业需要保持高度的灵活性和强大的执行力，来推动大家不断地反思，为企业注入新的活力，迅速应对变化并持续创新。

// "The complacent company is a dead company.Success today requires the agility and drive to constantly rethink, reinvigorate, react, and reinvent."

——比尔·盖茨

（Bill Gates，微软公司创始人）

　　这个观点适用于公司，也适用于个人。全球化的强大力量、互联网的广泛传播等使世界发生着越来越大的变化，并影响着我们每一个人。周围的世界正在以前所未有的速度发生着变化，与两百年前的祖先相比，我们应更快地调整思维。沉湎于过去的成就是极其危险的，很可能导致未来的失败，自满会麻痹我们，使我们放慢前进的步伐。英国作家奥斯卡·王尔德说："不满足是个人或国家迈向进步的第一步。"

所有的真理都会经历三个阶段：被嘲笑、被攻击和被接受。

// "All truth passes through three stages.First, it is ridiculed. Second, it is violently opposed.Third, it is accepted as being self-evident."

———叔本华

（Arthur Schopenhauer，德国哲学家）

　　圣雄甘地也有类似的见解，他说："首先，他们无视你，而后嘲笑你，接着攻击你，再后来就是你的胜利之日。"而这正是他所经历的。要有勇气逆流而上，打破禁忌！任何新的观点最初都会遭到大多数人的反对。那些质疑"地球是平的，并且是宇宙中心"的人，一度被视为异教徒而惨遭迫害；亚历山大·贝尔发明了电话并声称有朝一日人类可以通过无线电话沟通，他的朋友们却认为他疯了。

　　大多数改变了我们思维和生活方式的人最初都受到嘲笑，没有人认真对待他们。接下来，他们会遭遇强烈的敌意。最终，他们的见解和发现才被普遍接受。但要走到这一步，需要坚定的勇气和强大的内心来承受嘲笑和反对。

习惯的枷锁开始时总是微弱得不易觉察，最后却强大得无法打破。

// "The chains of habit are too weak to be felt until they are too strong to be broken."

——塞缪尔·约翰逊

（Samuel Johnson，英国作家、文学评论家和诗人）

　　时刻留意你的习惯，它是我们最大的敌人，也是最好的朋友。如果你养成入不敷出的习惯，短期内不会负债累累，但长此以往，一定会债台高筑。如果你习惯摄入的卡路里多于身体所需，虽不至一夜变胖，但随着时间的推移，就像债务会从上月累积到下月一样，体重会逐渐增加。1磅体重或100美元的债务无关大碍，但当累积了10000美元的债务或者体重增加了40磅的时候，问题就出现了。此时导致这些结果的习惯已经变得非常强大，难以改变。

改变想法比坚持信念更需要勇气。

// "It frequently takes more courage to change your mind than
   to persist in your beliefs."

——克里斯蒂安·弗里德里克·赫布尔

（Christian Friedrich Hebbel，德国剧作家、诗人）

忠于自己及自己的观点非常重要——这需要克服很多困难，尤其需要对抗大多数人的意见。成功的人总是有勇气支持少数人的观点。换句话说，如果你的观点是经过深思熟虑的，那么不要因为其他人的反对就轻易改变。然而，也有一种不同的"观点"，它不是建立在认真反思或恪守原则的基础之上，而是我们在信息不充分或不完整的条件下形成的。我们不了解，也就更别提认真考虑这种观点所有的利弊了。对任何一件事都会有无数评论，多到就像街角酒吧里端着啤酒的客人。

自己的想法是少数几件能让我们固执坚持下去的事情之一。一旦把自己对某件事的看法告诉别人，我们就会自豪地捍卫它。但是，在未评估自己的观点是否客观、是否不带偏见的情况下，盲目坚持，真的是成熟和智慧的表现吗？你应该通过与那些持不同看法的聪明人交谈来检验自己的观点。与其一味坚持，不如一开始就收集那些反对意见。经过论证，如果你依然认为自己的看法是有理有据的，那么就应该不顾反对，勇敢地坚持下去。

沃伦·巴菲特的合伙人查理·芒格反复强调终身学习的重要性。而学习无非意味着保持开放的心态，愿意纠正以前的观点和态度。芒格说，如果一年中，在某个重大思路上没有任何改变，那么这就是被荒废的一年。

- 8 -

职业上的成功

// Professional Success

工作中的头号客户是你的老板。老板对你的满意度，决定你的快乐、成功，以及工作的稳定。

// "Your number one customer at work is your boss....The happier your boss is about you and your work, the happier and more successful you'll be, and the more secure your future will be."

——布莱恩·特雷西

（Brian Tracy，美国励志书作家）

"让老板开心"，这听起来有拍马屁之嫌。当然，这不是特雷西的本意。大多数老板都不喜欢胆小的团队成员，他们因害怕冒犯上司而不敢说出自己的想法。令人遗憾的是，还有一些老板喜欢顺从的员工。

认真思考一下特雷西说这句话的本意吧。你明确知道老板对你的期望吗？如果回答是肯定的，你是通过什么渠道知道的？你和他对此进行过探讨吗？然后，不妨写下你认为对老板来说最重要的十件事，让他面对面地评判所列事项，打分从1分（"一点都不重要"）到10分（"最重要"）

不等。告诉他，你渴望进步，希望听取他的意见，并以此来确定事情的轻重缓急。你的老板会很欣赏你的这种主动性。最近一项关于"理想员工"的调查发现，大多数高管和公司董事认为能正确判断事情优先级的能力比其他任何技能或品质都重要。"知道事情的优先级别，才能合理安排时间，然后全力以赴"——这就是传奇企业家李·艾科卡（Lee Iacocca）总结的职场成功秘诀。

我希望看到人们在压力下的状态，看他们是否会妥协，是否会对自己的所作所为有坚定的信念、信心和自豪感。

// "I want to see what people are like under pressure. I want to see if they just fold or if they have firm conviction, belief, and pride in what they did."

——史蒂夫·乔布斯

（Steve Jobs，苹果公司创始人）

史蒂夫·乔布斯在面试中常说些诸如"天哪，那真是太失败了，你为什么要在这件事上花费力气？"之类的话。他的目的是测试求职者的勇气，了解他们面对压力的反应。下次面试的时候请记住：要自信并坚持自己，你未来的老板可能只是想知道你在压力下的表现，以及你应对压力的能力。

那些故步自封、满足于已有成就、缺乏强烈进取心的人是不会成功的，因为我们的工作是创造未来。

// "Those who stay in one place, performing the same tasks over and over again, those who stick with the acquired routine of what they have already achieved, those who are not burning with the desire to take things further, won't get far here because we are always working on building the future."

——维尔纳·奥托

（Werner Otto，德国企业家、亿万富翁）

　　你是喜欢循规蹈矩，还是渴望开拓创新？如果工作努力，只要公司经济状况良好，你就能维持现状，但仅此而已。要想升职加薪，你需要表现得更加主动。比如对如何增加公司利润，你有什么新的想法吗？对新产品或新市场有什么建议？公司如何才能吸引顶尖人才？如何节约成本？你为公司赢得了新合同或新客户吗？或许你认为这些都与你无关，不是你的分内之事？这种想法正是大多数人升职加薪的障碍。在确保高效优质完成自己任务的前提下，要积极考虑如何助推公司的发展。与维持工作的稳定相比，永远比别人"多走一英里"的态度和主动性会为你带来更加丰厚的回报。

有人告诉过你办公室法则吗？……那就是：能够分派下去的工作就不要自己亲自去做。

// "Has anyone given you the law of these offices?...It is: nobody does anything if he can get anybody else to do it."

——约翰·戴维森·洛克菲勒

（John Davison Rockefeller，美国企业家）

　　职业上的成功需要有分派工作的能力。面对每项任务都应该问自己："我是不是处理这项工作的唯一人选？还是可以把它交给别人，比如工资比自己低的人？"如果你把时间浪费在助理也能做得同样出色的工作上，不仅浪费自己的技能，也是浪费公司的资源。为什么分派工作如此困难？普遍的借口是"解释的时间足够自己完成任务"，这是事实，向别人解释可能比自己去做要花更多的时间。但是，一旦你教会别人如何去做，他们以后都能做到，这不是一劳永逸吗？所以这些时间是有价值的。有人认为如果不是亲力亲为，就达不到他们要求的完美标准。而你必须接受的事实是：有些事情只要 90% 达标就已经足够了，这样，你才能把更多的时间投入更有价值的事情中去。

做自己喜欢的工作是莫大的福气，无须奢求更多。

// "Blessed is he who has found his work; let him ask no other
    blessedness."

——托马斯·卡莱尔

（Thomas Carlyle，苏格兰历史学家、哲学家）

做一份自己不喜欢的工作无异于浪费生命。即使只是兼职，你也一定会把醒着的大部分时间花在工作上。减去睡觉、购物、跑腿儿、洗漱、身体保健、通勤和处理其他日常事务的时间，你会发现每天工作的时间超过了 2/3。"平衡工作和生活"是近年来创造出来的最荒谬的说法之一，因为它意味着生活和工作是人类活动中两个孤立的，甚至相互排斥的领域。如果你的工作和生活不能相得益彰，你可以考虑换份工作——或者至少尝试着改变一下工作中那些让你难以获得快乐的方面。

永远忙碌是另一种形式的懒惰，即懒散的思维和不加选择的行动。不堪重负和无所事事一样缺乏成效，而且更令人不愉快。

// "Being busy is a form of laziness-lazy thinking and indiscriminate action.Being overwhelmed is often as unproductive as doing nothing, and is far more unpleasant."

——蒂莫西·费里斯

（Timothy Ferriss，美国励志书作家）

这可能有点夸张，但却是很多公司普遍存在的现象，即人浮于事。许多员工以工作时间的长短和忙碌的程度来衡量他们对公司的贡献。除了那些刻板的基层管理人员，没有一个客户会以上述标准来评价员工。

众所周知，20% 的活动创造了 80% 的成果。这意味着你需要找出那有价值的 20% 的活动然后专注于此。大多数失败者并不一定懒惰或没有抱负，他们没有取得显著成果的原因是把太多的时间浪费在毫无意义的事情上，而不是专注于少数真正能带来改变的目标上。作家 R. 亚历克·麦肯齐（R. Alec Mackenzie）认为："拒绝做不重要的事也是成功的必要条件。"

从某种意义上说，大多数求职者与乞丐类似，毫不挑剔地接受一切。

// "In a way, most job applicants are a little like beggars–they'll accept anything, and they aren't particular."

——大卫·J.施瓦茨

（David J.Schwartz，美国励志书作家）

　　面试时，不要把自尊和自豪感抛诸脑后。臆测面试官所期待的回答会让他们认为这是你的弱点并失去对你的尊重。表达出你对这份工作的渴望，但不要显得迫不及待。彬彬有礼，同时要充满自信，敢于提问。让面试官觉得招聘过程是一个双向选择，公司面试你的同时也是你在面试公司，这将大大增加你成功的机会。

　　申请一份工作就像追求一个女人：在一个女人看来，男人的吸引力越大，想得到他的女人就越多。因此，她不得不多费些心思才能拥有他。越是迫切，成功的可能性就越小。恋爱和求职皆如此。

如果不能做欲做之事，则行能做之事，好高骛远是很愚蠢的。

// "He who cannot do what he wants to do, should desire what he can do, because it is foolish to want what you cannot do."

——列奥纳多·达·芬奇

（Leonardo da Vinci，意大利艺术家、雕塑家）

人们因为去做一些自己毫无天赋的事情，导致失败，这是很可悲的。有些人觉得只有在特别困难的领域取得成功才能证明自己的能力，可是如果把同样的精力投入他们擅长的领域，则可能取得更大的成功。

令人遗憾的是，很多人似乎不知道自己擅长什么。这需要管理者有很强的领导能力来引导甚至强迫他们运用天赋——并且阻止他们做没有优势的事情。做自己擅长的事情让人愉悦，人也更可能成功，并得到认可。

世界上也许存在着某些聪明人，他们无须努力工作，只凭想法就能取得成功。我从未见过这样的人。做得越多你就能做得越好，道理就这么简单。

// "I'm sure someone, some place, is smart enough to succeed while 'keeping it in perspective' and not working too hard, but I've never met him or her.The more you work, the better you do.It's that simple."

——迈克尔·布隆伯格

（Michael Bloomberg，美国亿万富翁、纽约市前市长）

对于某些人来说，可能觉得不付出任何努力就成为百万富翁或董事会主席的说法很诱人，但事实上无论你是个体经营者，还是努力在公司里出人头地的人，除非愿意付出额外的努力，否则你将一事无成。比如早一两小时来上班，你所做的任何超出职责范围的事情都会获得意想不到的回报。也许有一些孤立的案例，即有人没有付出太多努力而是依靠自己的"人脉"取得成功，但这种成功没有可持续性。当然，只靠努力并不能保证你取得成功。你还必须把精力放在要务上，而不是一点一点地消耗在无足轻重的小事上。另外，如果你没有准备好每周投入50、60甚至70个小时在工作上，至少在人生的某个阶段应该如此，你就不会走得很远。

勇往直前，追求个人的以及共同的利益。

// "Go straight forward, pursuing your own and the common interest."

——马可·奥勒留

（Marcus Aurelius，罗马帝国皇帝、哲学家）

总的来说，适用于人际关系的道理，也适用于职场。冷酷自我和谋求私利不会带来职场和经济上的成功。恰恰相反，只有兼顾他人的利益，你才会成功。如果你希望在公司里出人头地，应该思考自己如何能为公司带来最大的利益，如何协助你的老板成就他的事业——最重要的是，如何为公司的客户创造附加值。

这并不意味着你应该完全无视自己的利益——你为别人做的越多，也会为自己带来更多。当然，不能指望所有的付出都能得到善意的回报，你可能偶尔会需要提醒别人礼尚往来的道理。遗憾的是，总有喜欢占便宜的人，虽然他们不能时时处处获利。"互惠"应该作为人际关系的指导原则，即孔子所说的"己所不欲，勿施于人"。

拿出纸笔，写下你的天赋，即你所擅长之事。也写下在生活中，尤其是职场中，你将如何运用这些天赋及运用到何处。

// "Get out a notebook or a piece of paper and write down what you believe to be your 'natural talents.' These are things you've always been naturally good at.Also write how and where you can use more of these gifts in your life-especially in your work life."

——哈维·艾克

（T. Harv Eker，美国励志书作家）

你的优势在哪里？专注于擅长的事情，而不是在努力克服自身的弱点。这样的话，成功的可能性要高得多。当然这不是说不需要克服自己的缺点，而是说要真正成功，你必须专注于自己的优势。你有演讲的天赋吗？那就找最好的教练来帮你发展这项技能。你是天生的推销员吗？那就向优秀的推销大师学习，并大量阅读相关书籍来提高这方面的技能。

如果你一直从事自己不喜欢的工作，目的是让自己的履历看起来光鲜亮丽，我想你一定是疯了。这是不是有点像为晚年储蓄性爱呢？

// "I think you are out of your mind if you keep taking jobs that you don't like just because you think that it will look good on your resumé. Isn't that a bit like saving up sex for your old age?"

——沃伦·巴菲特

（Warren Buffett，美国投资人、亿万富翁）

巴菲特认为，我们应该专注于自己真正喜欢的且有天赋的工作。许多人所从事的工作还是他们 20 岁出头时所做出的选择，或者是当年遵循父母的意愿而做出的选择。即使没有经济回报也没有获得认可，他们也不会认真考虑换份工作。偶尔他们会梦想做些别的事情，但缺乏勇气去实现这些梦想。你也是如此吗？

被欣赏是人的最高需求。

// "The deepest human need is the need to be appreciated."

——威廉·詹姆斯

（William James，美国心理学家、哲学家）

我们都渴望被认可。人都是独一无二的，所以特别希望别人能看到我们的独特之处。我们为荣誉、权力和金钱而奋斗，其实内心深处是希望因此而被欣赏，这一点大家都感同身受。那为什么不能成人之美，告诉别人我们欣赏他们身上的某些特质呢？

工作会膨胀，以至于会填满并消耗所有可用的时间。

// "Work expands so as to fill the time available for its completion."

——西里尔·诺斯古德·帕金森

（Cyril Northcote Parkinson，英国历史学家、记者）

　　如果安排四小时整理公寓，你会在四小时内完成；如果只有两小时，你同样会完成。同样的情况适用于会议和工作，如果预留的时间较短，你完成任务的时间也会缩短。

在给管理层的讲座和演讲中，我一直强调，领导的首要任务就是为自己的部门建立一支优秀团队，而且其个人的职业发展也依赖于一流的支持。我一直提醒他们团队建设的重要性，在我们的公司里，只有站在一支精干的团队肩上，你才能达到顶峰。

// "In lectures and presentations for managers, I have always stressed that the most important task of anybody in a leading position consists of building a good team for his department, that his own professional development depends on first-rate support. I would constantly remind them to build a good team.In our company, you will only get to the top by standing on the shoulders of a capable team."

——维尔纳·奥托

（Werner Otto，德国企业家、亿万富翁）

对于处于领导地位的人来说，这无疑是最重要的建议。通常，人们因其出色的工作表现而被提拔到管理岗位。但一些人没有意识到的是：一旦处于领导地位，自己的角色就已经完全改变了。有的人依然延续以前的做法，他们是好球员，但不适合当队长。成为一名管理者意味着你需要发现、招募和培养新的人才。有人因为潜意识里害怕竞争而退缩，他们更喜欢与一群平庸的员工一起工作，这些员工不会威胁到他们的权威。这样做是缺乏自信的表现，无法给他们带来成功。

请记住德国最成功的企业家之一，也是为德国创造经济奇迹的重要人物维尔纳·奥托的话：在我们公司，只有依靠一支能干的团队，才能取得成功。

无论你相信与否，个人声誉对生活，甚至对命运的影响不亚于其行为。

// "Whether true or false, what is said about men often has as much influence on their lives, and particularly on their destinies, as what they do."

——维克多·雨果

（Victor Hugo，法国作家）

在商界尤其如此。如果你想出人头地，声誉就是一切。你必须持续地建立和提升个人声誉。你善于解决棘手的问题吗？你行事果敢吗？你乐于助人和雪中送炭吗？你是否难以相处？在上司眼里，你是否诚实可靠？是否总是疲于奔命，对额外的任务推三阻四？如果你在工作中没有好的声誉，就不要抱怨不公平，而应该考虑如何改变自己的形象。要有耐心，因为人们对性格的突然变化会保持警惕，他们会等待并观察这些变化是真实的还是伪装的、永久的还是暂时的。

推销与说服

// Selling and Persuading

如果成功真有秘诀，那就是从别人的角度同时也从自己的角度看问题。

// "If there is any one secret of success, it lies in the ability to get the other person's point of view and see things from that person's angle as well as from your own."

——亨利·福特

（Henry Ford，美国企业家）

期望获得职业上的成功，就必须赢得别人的信任。先使别人信服你，然后向其推销，进而说服他们按照你的想法行事。要实现这一目标，唯一的方法是找到对方的需求，并从他们的角度看问题。一旦你知道对方的真正需求，就能说服他们。在任何的商业及销售谈判中，换位思考都是很重要的技巧。

推销员必须知识渊博，但不宜口若悬河。夸夸其谈是最严重的社交问题之一。

// "A salesman cannot know too much but he can talk too much. Over-talking is one of the worst of all social faults."

——弗兰克·贝特格

（Frank Bettger，美国顶级销售大师）

你是否遇到过推销员喋喋不休，不给你插嘴的机会？这传递了什么信息？可能你会更加小心，警告自己："那个家伙可能是一个油嘴滑舌的人，要小心，不要中圈套！"这时，你也许不会再听他说话，而是对自己说："不管他说什么，我都不会买。"

话太多会给人不可靠的印象，没有人喜欢被一个不可靠的人"说服"。

成为一个积极的倾听者是说服他人的先决条件。让别人觉得你了解他们，这其中既有感性因素，也有理性因素。用自己的语言重复一遍别人说过的话，首先可以确保自己真正理解了别人的话，同时让对方相信你已经理解了。

不仅如此，成功的瑞士销售导师哈里·霍祖（Harry Holzheu）建议推销员要让顾客产生共鸣，应该试着去理解听众在情感层面的感受，并把这种感受用语言表达出来，比如："这是让你困惑的地方""你觉得这样对你不公平"，或者"你很担心"。他们要么印证你的看法，要么完全否认，无论如何你都获得了更有价值的见解。遵循这个建议，给你的潜在客户留下理解他们处境的印象，他们就更有可能接受你的观点。

销售能力是一个企业家最重要的技能。

// "The ability to sell is an entrepreneur's most important skill."

——罗伯特·T. 清崎

（Robert T.Kiyosaki，美国企业家、作家）

销售人员不是唯一必须擅长推销的人。无论你是企业家、个体经营者还是公司雇员，销售技巧都是帮助你获得成功的重要技能。这就是为什么清崎把这一技能列为成功企业家与失败者之间最大的差异。

在商业领域，你要做的就是说服别人相信你所提供的服务的价值，包括客户、销售伙伴、银行、员工、部门经理、业务伙伴。仅有专业知识是完全不够的——你必须提高你的销售技能。

我在推销一种新潮的文字处理器时吃了很多闭门羹，我不得不让自己脸皮厚一点，并采用更简明的推销方式……结果我的业绩远远超过同行，当我证明了自己的时候，信心随之提升。我发现，销售与自尊关系紧密。

// "So many doors slammed on me that I had to develop a thick skin and a concise sales pitch for a then newfangled machine called a word processor…I sold a lot of machines and outperformed many of my peers. As I proved myself, my confidence grew. Selling, I discovered, had a lot to do with self-esteem."

——霍华德·舒尔茨

（Howard Schultz，星巴克公司创始人）

　　霍华德·舒尔茨出身于工人阶级家庭，靠自己的努力获得了成功。他曾经是一名上门推销员，这份工作培养了他对自尊心和挫折的高度容忍力，这也是他后来成为一名企业家、获得巨大成功的先决条件。厚脸皮和自信，是优秀推销员必须具备的重要特质。一个销售员必须学习的第一课就是如何应对拒绝。不管你听到多少次"不"，都永不言弃。一个成功的销售员，必须享受把潜在客户的"不"变成"是"的过程，而不是把它当作最终回答。即使被拒绝的次数超过了被接受的次数，也不要气馁。对挫折的忍耐力决定你的销售业绩。自信和自尊也很重要，因为最终你推销的不仅是产品，还有自己。如果不自信，将很难说服别人相信你。

人们不会浪费时间去反对他们不感兴趣的东西。

// "People won't waste their time objecting to something they
   have no interest in."

——汤姆·霍普金斯

（Tom Hopkins，美国销售培训大师、作家）

如果你试图说服别人，应该感激他们的反对意见。没有什么比一边听你说话，一边假装赞同，并不时点头更糟糕的事情了。他们完全没有考虑从你那里购买任何东西，内心深藏疑虑，可嘴上却什么也不说。这其实是剥夺了你改变他们想法的机会。

说服别人唯一的办法就是劝导他们不要封闭自己，说出自己的想法。如果有客户提出反对意见，你不应该打断他，而应顺势询问他们是否还有别的意见、问题或批评。一旦完全了解了他们的想法，你就可以开始逐一解释以减轻客户的顾虑，并询问他们对答复是否满意。

50% 销售额来自于说服持反对意见的客户；40% 来自于你克服拖延症的能力；剩下 10% 则来自于你变不可能为可能的能力。

// "Fifty percent of your sales will result from closes that handle major objections; forty percent will come about because of your ability to overcome procrastination; ten percent will be gained through your ability to alter outright rejection."

——汤姆·霍普金斯

（Tom Hopkins，美国销售培训大师、作家）

销售就是把拒绝变成同意。事实上，大多数顾客一开始都会不自觉地说"不"。这不仅仅存在于销售领域。无论是在职场上还是在生活中，我们每天都需要说服他人，争取他人，或者在不同观点面前坚持自己的主张。最好将这种不断的挑战视为一种比赛。对你而言，那些从不反对、总是附和的对手会让事情变得过于轻松。要学会接受将"不"变为"是"的挑战。

我认为寻找新客户的过程就像体育比赛……如果太认真，就容易溃败；如果乐在其中，你就能坦然面对失败。为胜利而战，但要享受其中的乐趣。

// "I regard the hunt for new clients as a sport...If you play it too grimly, you will die of ulcers.If you play it with light hearted gusto, you will survive your failures without losing sleep.Play to win, but enjoy the fun."

——大卫·奥格威

（David Ogilvy，英国广告业大亨）

　　作为世界上最举足轻重的广告人之一，奥格威把他的成功主要归功于自己的销售技巧。他特别擅长说服别人。不仅喜欢提出创造性的主张帮助公司客户推销产品和服务，他也享受为公司赢得新客户的快乐。成功会带来更大的成功，在销售领域尤其如此。一旦潜在的客户意识到你迫切地想要完成销售任务，他们就会刁难你。如果你不仅喜欢成功的结果，更享受销售过程，那将是销售职业生涯的最佳开端。"心急型"的销售人员即使有坚定的决心也很难赢得客户的青睐。

销售的基础在于获得面谈的机会。

// "The foundation of sales lies in getting interviews."

——弗兰克·贝特格

（Frank Bettger，美国顶级销售大师）

你是否觉得这不值一提？但这是最基本的推销原则，只有最优秀的销售人才能始终如一地贯彻执行这个原则。在任何时候，一流的销售人员要么在电话中与潜在的客户交谈，要么走出办公室去拜访他们。和客户的约见和交谈越多，你实现销售的机会就越大。但许多销售人员想方设法避免与客户见面，他们要么喜欢睡懒觉，要么坐在办公室里和同事聊天，或处理"重要"的文书工作，只在一天或一周的某些"吉时"才开始行动。追问起来，他们总是有各种各样的借口，其实他们只是害怕见客户，害怕打电话，最重要的是害怕被拒绝。这些人总是忙于使其分心的事情，以及不会给他们带来任何成就的各种"急事"。

为自己设定可量化的目标，确定每周要沟通的客户数量。然后，不为自己找借口，严格履行承诺，并坚持做好记录以检查自己是否在通往目标的道路上。

人的脑子常常会闪过一连串的想法，除非给他一个说话的机会，否则我们根本不知道他在想什么。经验告诉我，让对方一开始就畅所欲言是很好的策略。然后，当我们发言时就知道应该说什么才会让对方更感兴趣。

// "Many times there is a parade of thoughts passing across the mind of a man, and unless we give him a chance to do some of the talking, we have no way of knowing what he is thinking. Experience has taught me that it is a good rule to make sure the other fellow does a liberal share of the talking in the first half.Then when I talk I am more sure of the facts and more likely to have an attentive listener."

——弗兰克·贝特格

（Frank Bettger，美国顶级销售大师）

想要说服和赢得别人的信任，我们必须清楚他们的想法和感受，要做到这一点只能通过倾听和提问，而不是滔滔不绝的说教。无论推销的是想法还是产品，你都应该从仔细倾听开始，向对方表明你对他所说的很感兴趣，并尽可能多地收集他们的需求。一旦确定了他们的需求，对方也相信你真的与他们感同身受，你就更容易使他们相信，你所提供的正是他们所需要的。所以，听从美国顶级推销大师弗兰克·贝特格的建议，让别人先说。

无论从事什么职业，推销都是它的一部分……也许你是一位伟大的诗人、作家或实验室里的天才，如果不会推销，即使取得了很大的成就也依然籍籍无名；在政治上也如此，最重要的是让大家知道你的贡献，不管你研究的是环境政策、教育还是经济增长。

// "No matter what you do in life, selling is part of it...People can be great poets, great writers, geniuses in the lab. But you can do the finest work and if people don't know, you have nothing! In politics it's the same: no matter whether you're working on environmental policy or education or economic growth, the most important thing is to make people aware."

——阿诺德·施瓦辛格

（Arnold Schwarzenegger，美国健美运动员、演员、政治家）

刚出道的时候，施瓦辛格曾穿着紧身内裤站在慕尼黑的一个人流密集的广场上，让朋友打电话通知记者："广场上有一个穿着紧身内裤的家伙，他想成为宇宙先生。"第二天，所有的报纸都刊登了这条消息。渐渐地，施瓦辛格闻名于世，他是著名健美运动员、演员、政治家和企业家，而他将自己独特的职业生涯的成功归功于他的推销才能。

由于他的成功，许多健美运动员都试图追随他的脚步。即使有些人比他肌肉更发达，但也未能获得施瓦辛格那样的名气。所以你不知道那些人的名字，但你知道施瓦辛格。有些人认为做好自己的工作就足够了，因为"好酒不怕巷子深"，这简直太天真了，如果事实如此，梅赛德斯几十年前就可以停止所有的广告和公关。沃伦·巴菲特是一位出色的投资人，他也非常重视推销。所以每年他和合伙人查理·芒格都会在奥马哈，把公司的年度股东大会变成一种资本主义伍德斯托克式的表演，一场盛大集会。

大家都公认麦当娜天赋一般，可是她凭什么雄霸歌坛那么多年，成为身价最高的歌手，赚取数亿美元？因为她比竞争对手更了解如何打造品牌，并更好地推销自己。

一个对他人发自内心感兴趣的人，在两个月内交到的朋友要比一个总是试图让别人对自己感兴趣的人在两年内交到的朋友还要多。

// "You can make more friends in two months by becoming interested in other people than you can in two years by trying to get other people interested in you."

——戴尔·卡耐基

（Dale Carnegie，美国励志书作家）

你是否经历过这样的谈话，你的话不多，只是听对方倾诉，对其经历、故事和观点表现出真正的兴趣？你专注于他们的谈话，并不断诱导他们说得更多。对话结束时，对方告诉你这是多么愉快的"交谈"，尽管你几乎没说什么。你所做的"一切"，几乎大多数人都做不到，那就是倾听，对他人表现出真正的兴趣。让别人告诉你他们的成功比自己高谈阔论、炫耀成绩更易引起共鸣。

擅长讲故事的人统治世界。

// "The one who tells the stories rules the world."

——美洲原住民霍皮族谚语

// Native American Hopi tribe proverb

你是否注意到，成功的政治家和企业家都是伟大的演说家，也是杰出的说书人？优秀的推销员也是如此，他们总能给客户讲好故事。公司首次公开募股（IPO）时，投资人都希望即将上市的公司可以讲好故事。擅长讲故事的老师更讨学生喜欢，他们能成功地把信息包装在一个个精彩的故事里。所有民族都是在其历史叙述中形成自己的身份。

为什么会出现上述这种情况呢？因为大多数人更容易记住故事情节而不是抽象的理论。人们通常不擅长理论思考，而更喜欢通过故事思考。如果你想说服别人，那么你需要用一个好的故事来包装你的信息。

- *10* -

挣 钱

// *Making Money*

金钱是自由之匙。

// "Money is the key to freedom."

——可可·香奈儿

（Coco Chanel，法国时尚设计师）

你鄙视金钱吗？把它和骄傲自负、贪得无厌及拜金主义等消极的概念相联系？你还是把它与精力充沛及自由奔放等积极的概念相关联？

著名的时装设计师可可·香奈儿说："创造财富只是用物质的方式证明自己的能力。"她认为金钱是通向自由的钥匙，是"独立的象征"。钱对你意味着什么？缺钱也许是因为你在心理抗拒它？如果你不爱金钱，金钱也不会爱你。

贫穷的健康人等于半个病人。

// "A healthy person without money is half sick."

——歌德

（ Johann Wolfgang von Goethe，德国诗人 ）

你是否常听人说："贫穷而健康总比富有而多病强""金钱不是万能的""金钱买不到幸福"等诸如此类的话？

没有一个思维正常的人会说只要有钱就能保证生活幸福，这就像说只要有性爱就足以保证生活幸福一样愚蠢。换个角度，无性的生活又能幸福到哪里呢？

知识分子尤其喜欢假装清高，尽管他们私下里也希望拥有更多金钱。歌德认为贫穷的健康人等于半个病人。是的，贫穷和对金钱的持续担忧就像严重的疾病一样使你难受，影响你的生活质量。

下次有人告诉你，他们宁愿贫穷而健康，也不愿富有却孱弱，你就直接回答说，你希望富有而健康！

仅有开源而不懂节流永远不会富裕。

// "You don't get rich from what you earn, but from what you
don't spend!"

——亨利·福特

（Henry Ford，美国实业家）

赚更多的钱最终会致富是个危险的错误认识。通常来说，收入越多，对生活的期望就越高。钱越赚越多，我们很快就会习惯较高的收入，并相应地调高期望值。有些月收入超过 5 万美元的人，会因为缺乏自信和自律把钱花得精光。这些人因为假装自己比实际更富有而进行炫耀性消费。他们贷款购买昂贵房产、度假别墅、豪华家具、汽车和其他奢侈品，以给人留下深刻印象，结果导致消费的增长比收入的增长更快。当他们的收入下降时——这种事情时有发生——消费预期却很难降低。他们尤其害怕被别人看穿，自己实际上并没有那么成功或富有。通常情况下，这些人最终会负债累累。

收入增加时，多花一点钱"放纵自己"并没有什么错。但是应该把大部分钱存起来并进行投资。千万不要贷款消费！我建议，如果涨了工资，在还没有适应更多的可支配收入之前，把额外增加的收入的 2/3 存起来，用剩下的 1/3 改善生活。

储蓄和明智的投资都需要实践。不要拖延等到赚"足够"的钱才开始，现在就开始，不管挣多少，存储收入的 10% 以备不时之需，并养成将收入增长部分的 2/3 都储蓄起来的习惯。

美国人喜欢今天花明天的钱，也许还有别人的钱。中国人喜欢存钱，中国大概是全世界最大的保险箱。我们过了很多年的苦日子，赚到钱时就会把它存进银行，因为我们知道，某一天当灾难降临的时候，可能需要这笔钱。所以当经济不景气的时候，我们仍然有钱消费，而你们恐怕就没有。

// "You Americans love to spend tomorrow's money. And other people's money maybe. We Chinese love to save money. We are probably the largest safe deposit in the whole world. Because we've been poor for so many years. When we made money, we put it in the banks, because someday we know that disaster is coming, and we can spend the money then. So, when the economy is bad, we still have the money to spend. You guys probably don't."

——马云

（Jack Ma，阿里巴巴集团创始人）

　　马云在 2015 年克林顿全球倡议（Clinton Global Initiative）会议上说了上述这些话，其背后的深意不仅仅是提醒人们需要储蓄以备不时之需。这种思维对投资者来说有更重要的启发：生活中不可避免地会出现严重的金融或经济危机，股票、房地产及其他资产的价格往往低于其价值，所以也正是最佳投资时机。如果你有足够的资金和勇气在这种情况下投资，就会挣到大钱。21 世纪初网络泡沫破灭，当其他互联网公司对行业前景不抱希望之时，马云的反应截然不同："我打电话给我们的杭州团队，问他们：'你们听到纳斯达克传来的振奋人心的消息了吗？我希望手上有一瓶香槟庆祝一下。'"接着，他补充说："这有利于互联网市场健康发展，对我们这样的公司也是非常有利的。"当泡沫破灭时，阿里巴巴早在之前互联网繁盛时期积攒下了 2500 万美元，而先期的投入却只有 500 万。它的竞争对手却遭遇了困难。马云非常自信地认为，因为 IPO 大门已经关闭，风险投资家会停止为阿里巴巴的竞争对手提供资金。

吝啬的穷人，会不停地谈论财富的滥用和富人的恶习；这只是在折磨自己，并向世界表明他们不宽容自己的贫穷及别人的富有。

// "For a poor man also, who is miserly, will talk incessantly of the misuse of wealth and of the vices of the rich; whereby he merely torments himself, and shows the world that he is intolerant, not only of his own poverty but also of other people's riches."

——本尼迪克·斯宾诺莎

（Benedict de Spinoza，荷兰哲学家）

　　嫉妒"富人"，自己永远不会变得富有。无论何时，祝福那些通过勤劳致富的人，并努力找出他们致富的原因。与给别人带来的伤害相比，嫉妒对自己的伤害要大得多。

嫉妒是令人不愉快的，因为嫉妒的形成，以及任何与之相关的盲从，一定是始于你需要一些东西，一些物质的东西。可遗憾的是，别人拥有，而你却没有。这引出另一个问题，为什么你没有？在某些情况下，这会引发不安全感，显然某些人比你更擅长集聚安全所需的物质基础，这会让你更自卑。

// "Envy is not pleasant because any formulation of it–any implicit process connected with it–necessarily starts with the point that you need something, some material thing that, unhappily, someone else has.This easily leads to the question: Why don't you have it? And that is itself enough in some cases to provoke insecurity, for apparently the other fellow is better at assembling those material props of security than you are, which makes you even more inferior."

——哈里·斯塔克·沙利文

（Harry Stack Sullivan，美国心理学家）

对嫉妒的学术研究表明，人们总是否认自己曾有过"嫉妒"这种情绪。我们很容易地承认悲伤或生气，但很少有人承认自己嫉妒。哈里·斯塔克·沙利文对此的解释是：嫉妒别人，就是承认别人有你渴望的东西——这引发另一个令人不安的问题：为什么你自己没有呢？由于大多数人不愿意承认他人更好、更聪明或更有创造力，他们喜欢指责富人使用不公平的方法积累财富，或认为富人只是"幸运"。通过这种方法，人们维护了自己的尊严，但也放弃了致富的可能。如果认为每个富人都是自私和不择手段的，并只相信财富的创造者是穷人，你是不太可能致富的。只有在内心肯定财富的积极性并认为财富可兼容伦理和道德标准时，你才可能走上致富之路。

我们应该把自己所拥有的财富视为抵御罪恶与不幸的堡垒，而不是作为自己攫取快乐的敲门砖甚至通行证。

// "Means at our disposal should be regarded as a bulwark against the many evils and misfortunes that can occur. We should not regard such wealth as a permission or even an obligation to procure for ourselves the pleasures of the world."

——叔本华

（Arthur Schopenhauer，德国哲学家）

　　金钱可以帮助我们踏上通往自由的道路，但前提是必须谨慎使用它。如果你赚钱不择手段，然后挥霍无度，坐吃山空，那会导致将来的危机。永远不要动用你的资产去消费，相反，需要增加你的资产。否则，即使是最温和的通货膨胀也会使这些资产在几年内遭到贬值。如果你精于投资，并不是把大部分金钱花在奢侈品上，金钱就可以带给你自由和安全感。真正的富有意味着你可以依靠投资收益生活，如租金、股息和利息，而无需动用资产。这才是"财务自由"的真正含义。

富人听取更富有的人的建议，穷人接受和他们一样身无分文的朋友的意见。

// "Rich people take advice from people who are richer than they are. Poor people take advice from their friends, who are just as broke as they are."

——哈维·艾克

（T. Harv Eker，美国励志书作家）

很多人和像自己一样贫穷的人讨论金钱问题，这难道不是一个愚蠢的行为吗？与那些同样不成功的人交谈，只会强化自己在"金钱"和"财务"问题上的信念和态度，而正是这些信念和态度塑造了今天的你。要改变你的财务状况，就必须改变你的想法。最好的方法是向那些金融榜样寻求建议，或者至少向那些比你富有的人学习。

守富和创富需要同样的能力。

// "Protecting your wealth requires as much strength as acquiring it."

——奥维德

（Ovid，罗马诗人）

赚钱只是致富的一部分，更重要的是学习如何投资使财富成倍增长。对很多人来说，守住一百万比赚一百万更难。投资并确保财富不会贬值本身就是一门艺术。把钱存入一个"安全"的储蓄账户，迟早会因为缴税或通货膨胀而贬值。即使温和的通货膨胀也会比你想象的更快地消耗掉你的财富。大多数彩票得主在中大奖后的几年内都变得比以前更加贫困，这说明，要想保住财富是多么困难。很多在职业生涯中赚了很多钱的艺术家和运动员因为自己对投资不感兴趣，并听从了错误的建议而损失了大部分甚至全部财富。你应该在真正富有之前就开始全面研究如何投资。尽可能多地阅读相关书籍，多与没有推销意图但有成功投资纪录的人交谈。

有钱总比没有钱更容易解决问题。

// "Problems with money are better than problems without money."

——马尔科姆·史蒂文森·福布斯

（Malcolm Stevenson Forbes，美国出版家）

诚然，金钱不是万能的，不能解决所有的问题。那些贫穷的人总是试图证明金钱并不那么重要以安慰囊中羞涩的自己。的确，金钱并不一定能令你快乐，但它能让你更容易忍受痛苦。如果不信，把你在过去 12 个月里遇到的所有问题都罗列出来，逐个浏览，然后问自己："如果有足够的钱，这上面有多少问题是可以用钱解决的，其中又有多少甚至根本就不是问题呢？"对于无法用金钱解决的问题，其中有多少可以因为自己有钱而更容易忍受？美国作家格特鲁德·斯坦（Gertrude Stein）得出了这样的结论："我曾经富有过也贫穷过，但是富裕总比贫穷好。"

专注于成功

// Focusing on Success

成功的秘诀在于持之于恒。

// "The secret of success is constancy of purpose."

——本杰明·迪斯雷利

（Benjamin Disraeli，英国前首相、作家）

许多人没有获得成功的主要原因是他们把精力分散在太多不同的事情上，从一个目标跳到下一个目标，而不是为同一个目标持续奋斗。由于缺乏毅力，他们遇到困难就放弃。在某一特定领域取得成就通常需要十年左右的时间，没有人在短短几个月内就能取得有持久价值的成就。

你对未来十年有明确的目标吗？你能在多大程度上坚持并追求自己的目标？

"目标的坚定性"意味着专注于某个特定的目标，这比同时尝试几个不同的目标能让你走得更远。然而，坚持目标不等于固守某种特定的方法，那是愚蠢的。没有尝试改变方法的意愿，即便持之以恒也将一事无成。你应不断尝试新方法以达到自己的目标。

再弱小的生物，如果能集中力量于一件事，就能有所成就。而最强大的生物，如果力量过于分散，也可能一事无成。

// "The weakest living creature, by concentrating his powers on a single object, can accomplish something.The strongest, by dispensing his over many, may fail to accomplish anything."

——托马斯·卡莱尔

（Thomas Carlyle，苏格兰历史学家、哲学家）

许多没有成功的人把失败归咎于他们的运气不好、缺乏天赋或缺乏人脉。事实上，有些人比其他人更成功，主要是因为他们更善于集中精力。空手道选手将所有的力量集中在一个特定的地方，这使得空手道选手能够徒手砸砖。如果你能把所有的精力集中在一个目标上，你就能在自己的工作中取得类似的成果。

"专注"意味着你对所关注之事说"是"，但那不是它的全部含义。它也意味着同时还必须对其他一百个好主意说"不"。你必须认真选择。事实上，放弃的事情和做过的事情同样让我感到自豪。

// "People think focus means saying yes to the thing you've got to focus on. But that's not what it means at all.It means saying no to the hundred other good ideas that there are. You have to pick carefully. I'm actually as proud of the things we haven't done as the things I have done."

——史蒂夫·乔布斯

（Steve Jobs，苹果公司创始人）

只有拒绝那些分散自己注意力的想法，你才能不受干扰地真正专注于自己的主要目标。要做到这一点并不容易。有些人很容易感到"无聊"，不断寻找新的目标。世界上有许多伟大的想法和可以尝试的事情，但真的有必要一一尝试吗？集中精力于一件或几件事上远比把精力分散在一系列不同的活动上让你走得更远。

企图同时追两只兔子的人注定两手空空。

// "He who tries to chase two rabbits at once won't catch either
of them."

——日本谚语

// Japanese proverb

　　不停地追逐一个又一个"机会"，只会消耗你的体力和精力。把所有的体力和精力都投入一个重要的目标上，你会更快地达到目标。你是倾向于"同时追两只兔子"，还是把所有体力和精力都集中在一个目标上？

- 12 -

热情是有感染力的

// Enthusiasm Is Infectious

你想在别人身上点燃的火花必须先在自己内心燃烧。

// "The fire you want to ignite in others must first burn within you."

——奥古斯丁

（Augustine of Hippo，古罗马哲学家）

热情是有感染力的。只有内心充满热情的人才能激发别人的热情。最成功的销售人员都对自己的产品拥有真正的热情。如果你对某个想法满怀热情，就能更容易使别人信服这个想法。你对什么充满热情？你有信心公开表达这种情绪吗？上一次你用热情感染别人是什么时候？

两强相遇，胜出的总是更富有激情和坚定意志的人。

// "Enthusiasm and determination always win if they fight a lesser enthusiasm."

——约翰·戈特利布·费希特

（Johann Gottlieb Fichte，德国哲学家）

为什么满怀热情的人总会胜出？因为热情是一种纯粹的能量。一个对某件事充满热情并真心希望其成功的人，与那些不确定自己想要什么、犹豫不决、优柔寡断的人相比，会处于更加有利的位置。

除非你对想做的事情满怀激情，否则会因为无法坚持而放弃。所以，对于一些想法、问题或待纠正的错误，你必须有热情，否则不会有毅力坚持下去。

// "Unless you've got a lot of passion for this, you're not going to survive.You're going to give it up.So you've got to have an idea, or a problem, or a wrong that you want to right that you're passionate about otherwise you're not going to have the perseverance to stick it through."

——史蒂夫·乔布斯

（Steve Jobs，苹果公司创始人）

　　史蒂夫·乔布斯是坚持不懈的典范，他多年来执着于一款产品，可没有任何迹象表明它能让他赚钱。如果他的动机就是钱，他早就放弃了。但激情驱使他在无数的挫折和困难面前继续前进。成功常常被看作非凡毅力的结果，但毅力本身则是持久激情的结果。

当我强迫自己表现出热情时，瞬间就能真正满怀热情。

// "When I force myself to act enthusiastic, I soon feel enthusiastic."

——弗兰克·贝特格

（Frank Bettger，美国顶级销售大师）

如果你天生就不是一个容易感受并表现热情的人，那么，你很难对任何事情充满激情。那该怎么办呢？以美国顶级销售大师弗兰克·贝特格为榜样吧，他的励志书籍《我如何在销售中从失败走向成功》激励了一代又一代的销售员。他在书中指出，我们的心态会影响我们的姿势、面部表情和语调，反之亦然，我们的姿势、面部表情和语调也会影响我们的情绪和态度。这就是贝特格的建议起作用的原因：装出热情的样子，你就能感受到真正的热情。想象某人被你的热情感染后的姿势和面部表情，然后确保说话的时候充满激情，你会发现这些外在的变化会极大地调动你内在的、真正的热情。

如果不信，试试相反的方式，即用低沉、悲伤的语调说话，然后摆出一副垂头丧气的表情和畏缩的姿势，你会发现在这种情况下难以对任何事情感到乐观。

- 13 -

建立信任

// Building Trust

不能对在小事上持轻率态度的人委以重任。

// "Whoever is careless with the truth in small matters cannot
be trusted with important matters."

——阿尔伯特·爱因斯坦

（Albert Einstein，物理学家）

我们都遇到过喜欢夸大事实的人：他们多少有点夸张，偶尔讲一些"善意的谎言"，并且他们的故事听起来让人觉得不真实。喜欢在小问题上夸大其词的人应该知道，在大的问题上，别人也不可能信任他们。你是诚实的人吗？无论大事小事，你都能坚持实事求是吗？如果回答是肯定的，你会发现赢得别人的信任并不难。

如果你始于信任每一个人，将终于不相信任何人。

// "If you start by trusting everybody, you will end up trusting nobody."

——克里斯蒂安·弗里德里克·赫布尔

（Christian Friedrich Hebbel，德国作家、剧作家）

以前的烟鬼变成激进的禁烟者，许多无神论者最初是坚定的信徒。那些不信任别人的人也是如此——他们曾天真地相信每个人。如果你天真到相信每一个人和他们告诉你的每一件事，你迟早会对他们失望，最终会不相信任何人。最现实的态度是泛泛地信任他人——除非他们给了你不可信任的理由——同时对那些不值得你信任的人保持警惕。

大多数误解的根源在于失去信任，而不信任则主要源于恐惧。

// "The root cause of most of our misunderstandings lies in distrust and at the root of this distrust mostly lies fear."

——圣雄甘地

（Mahatma Gandhi，印度民权运动领袖）

多疑的人总是充满忧虑，他们担心信任会被滥用，害怕被出卖或蒙骗。极度嫉妒就是一个很好的例子：极度嫉妒的人因为缺乏自信总是怀疑他们的伴侣不忠。如果你对自己有信心，就更容易相信别人。即使你的信任注定会被滥用，也不要害怕。

我一生的成功主要归功于对别人的信心以及激发他们信任我的能力。

// "It is chiefly to my confidence in men and my ability to inspire their confidence in me that I owe my success in life."

——约翰·戴维森·洛克菲勒

（John Davison Rockefeller，美国企业家）

　　大家都翘首以待史上最富有的人揭示他的成功秘诀。在约翰·洛克菲勒看来，通过信任他人并获得他人的信任来建立自信是在商界获得成功的先决条件。不信任别人往往很难获得别人的信任；反之亦然，不值得信赖的人也难以相信别人，因为我们都习惯于把自己的行为投射到别人身上。相信别人不是幼稚的表现。也许世界上存在很多愚蠢、草率的人，但是故意欺骗别人的只是少数。虽然"信任"偶尔会令人失望，但总的来说，与一开始就默认设置的"怀疑"态度相比，它会给你带来更多好的结果。你对别人的印象是什么？你会一开始就对人持怀疑态度吗？你是否把怀疑别人的真诚作为一个原则？还是选择信任，直到确认有不值得信任的理由？回顾自己的经历，别人通常相信你，还是总怀疑你的诚意？你在生活中能否成功（尤其在职场）在很大程度上取决于这些问题的答案。

让我难过的不是你对我撒谎，而是从此以后我不能再相信你。

// "I'm not upset that you lied to me, I'm upset that from now on I can't believe you."

——尼采

（Friedrich Nietzsche，德国哲学家）

说谎的人有被识破的危险，但更大的风险是失去重要的资本——别人的信任。为了蝇头小利而冒失去信任的危险，这值得吗？

我总是把自己存在的问题告诉给潜在客户。当一个古董商向我指出家具上的瑕疵时，他赢得了我的信任。

// "I always tell prospective clients about the chinks in our armor. I have noticed that when an antique dealer draws my attention to flaws in a piece of furniture, he wins my confidence."

——大卫·奥格威

（David Ogilvy，英国广告业大亨）

如果你试图隐藏错误和弱点，将很难获得别人的信任。我们生活在一个充满怀疑的时代，人们比以往任何时候都更难相信那些看起来虚无缥缈的承诺。

如果你告诉客户自己所提供的产品或服务存在瑕疵，他们更有可能相信你的承诺。每次你主动公开自己的弱点时，也就累积了更多的信任。

如果有客户问我有关另一个客户的广告宣传效果，我会迅速转换话题。这可能会激怒他，可一旦我提供了他所询问的信息，他会认为，我会同样轻率地泄露他的秘密。一旦客户对你的谨慎失去信心，你就完蛋了。

// "If one client asks me what results I've been getting with a campaign for another client, I change the subject.This may irritate him, but if I were to give him the information he asks, he would probably conclude that I would be equally indiscreet with his secrets.Once a client loses confidence in your discretion, you've had it."

——大卫·奥格威

（David Ogilvy，英国广告业大亨）

一旦背叛了别人的信任，泄露了他们的秘密，别人再也不会相信你或告诉你任何事情。反之亦然，如果你信守承诺，不透露任何信息，那么你将赢得值得信赖的好名声。

永远不要做害怕被邻居发现的任何事情。

// "Don't do anything that would cause you to fear if it were discovered by your neighbor."

——伊壁鸠鲁

（Epicurus，古希腊哲学家）

伊壁鸠鲁的建议会帮助我们确定自己所行之事或计划是否合适。美国亿万富翁沃伦·巴菲特也曾说：如果想检验某个行为是否妥当，就看你是否担心妻子或朋友在当地报纸上看到它。

不要签署任何不能公诸于众的协议，这样的协议容易被勒索者利用，让你永远生活在怕被发现的恐惧中。经验告诉我们，风过留痕，雁过留声，如果我们的任何行动都是正大光明的，我们就无所畏惧。

信不足焉，有不信焉。

// "He who does not trust enough, will not be trusted."

——老子

（Lao Tzu，中国古代哲学家）

天性多疑、难以信任他人的人很难赢得别人的信任。原因在于潜意识里我们会认为，任何不信任他人的人也会把自己的态度和行为投射到别人身上。如果你对真诚持怀疑态度，你会发现周围都是骗子。如果你从根本上不信任别人，别人自然会认为你不值得信任。

事实胜于雄辩。

// "Deeds speak louder than words."

——美洲原住民阿西尼伯恩部落谚语

// Native American Assiniboine tribe proverb

从长远来看，评判你的标准是你的行为，而不是言辞。所以我们应该特别注意两点：第一，你的行为应该是诚实、专业的；第二，确保别人了解你的行为。如果你想要赢得的人却对你的行为一无所知，就相当于你什么都没有做。只有言行一致，人们才会完全信任你。

- 14 -

听命于自己

// Taking Orders from Yourself

不服从自我，就得服从别人。

// "Whatever cannot obey itself, is commanded."

——尼采

（Friedrich Nietzsche，德国哲学家）

你觉得倾听自己很难吗？你自律吗？你准时上班只是因为担心迟到而被训斥吗？不管在工作还是生活中，你总是守时吗？你能够坚持起床去工作和学习，是因为自愿还是被迫？

正如歌德所说："不能控制自己的人是不配被统治的。"如果你不喜欢听从他人，则应该学会听命于自己。为自己设定的期限总是比老板或客户的期限早两三天，并确保按照自己的计划完成任务。这是一个很好的听命于自己的训练。

承诺最慢的人，履行诺言最忠实。

// "He who is most slow in making a promise is the most faithful in performance of it."

——让－雅克·卢梭

（Jean-Jacques Rousseau，法国哲学家）

在做出任何承诺之前都要仔细考虑，即使是很小的细节（比如交付的最后期限、会议的确切时间）都必须严格遵守。

不靠谱的人会很快做出承诺，因为他们没有认真考虑如何履行诺言。靠谱的人在做出任何承诺之前总是深思熟虑，因为他们会不惜代价去遵守它。

这是为自己树立可靠声誉的唯一办法：做一言九鼎的人。那些轻易许下诺言却无意遵守的人是不值得信赖的，没人会把他们的承诺当真。

没有原则，你将一事无成。我花了很长时间才明白到底需要什么样的原则，它就是"适可而止"。

// "Without discipline, you won't get anywhere.Although it took
me forever to understand exactly what kind of discipline is
required. It's the discipline of 'not too much'."

——奥利弗·卡恩

（Oliver Kahn，德国足球运动员，三次获得"世界最佳守门员"殊荣）

　　雄心勃勃的人必须小心，千万不要发力过狠。在精神或身体极度紧张之后，应该有适当的恢复和放松期。否则，你最终会像奥利弗·卡恩一样，体力几乎"耗尽"之后，才吸取了这个惨痛的教训。对于成功人士来说，这个问题正变得越来越严重。你要确保自己没有误解"自律"的含义，它并不意味着你觉得自己不可或缺，即使发烧也一定要去赴约。这样做恰好表明你缺乏"自律"，因为你甚至不为自己预留出休息的时间。工作中越懂得放松的人就会越专注，效率也就越高。

一针及时，九针省。

总有一天不属于一周的任何一天。

只有鲁滨逊·克鲁索在星期五之前完成了所有工作。

// "A stitch in time saves nine."

"Someday is not a day of the week."

"Only Robinson Crusoe got everything done by Friday."

——传统智慧

// Traditional wisdom

你是否总是拖延任务？必须在规定时间内完成的任务就像一条搁置的死鱼，待在桌子上的时间越长就越难闻。

学会享受完成任务的乐趣。相比于拖延一段时间之后再完成任务，速战速决所用的时间要更少。比如说，会议结束后立即就写会议记录，这要比推迟一天或一周后再写更快速也更准确。任务拖延的时间越长，就越成为负担，因为你必须不断提醒自己还有未尽之事。如果一直拖延下去，客户和老板都会找你麻烦。另外，如果你迅速地完成某项任务，不仅自我感觉良好，还会赢得老板或客户的赞扬，为你建立可靠的名声。

健康思考，健康生活

// Healthy Thinking, Healthy Living

那些不每天花点时间顾及健康的人必然会在某一天为疾病消耗大量的时间。

// "If you don't dedicate something to your health every day, you will have to sacrifice a lot to illness one day."

——塞巴斯蒂安·克奈普

（Sebastian Kneipp，德国牧师、水疗师）

　　你是那种"缺乏时间"每天锻炼，或者至少每两天锻炼一次的人吗？你总是太忙，每天"抽不出时间"进行一两次瑜伽或自生训练吗？你没有时间在午饭后小睡一会儿吗？那么，将来你可能会花大量的时间待在医院里。你不必成为一个狂热的健康追求者，不过，在锻炼和放松上投入的时间就是在健康账户上的投资，将来你会获得回报。

某些疾病，只有任由病情自然发展，才能完全康复并不留任何痕迹。

// "There are some kinds of illness in which entire restoration of health is possible only by letting the complaint run its natural course; after which it disappears without leaving any trace of its existence."

——叔本华

（Arthur Schopenhauer，德国哲学家）

　　身体的自愈能力是不可思议的。如果好好休息，倾听身体的指令，相信它的自愈能力，你的感冒就会像看医生、吃抗生素一样很快痊愈。这适用于许多，甚至是所有的疾病。就像伤口自愈一样，身体如果有足够的时间，它也能克服许多疾病。我们所需要的只是耐心、休息和相信身体的自愈能力。著名内科医生阿尔伯特·施韦策说："每个病人体内都有自己并不知道其存在的医生，只有隐藏的医生也工作时，身体才能恢复得更好。"

　　当然，如果身患严重甚至危及生命的疾病就应该及时就医，但即便是在这种情况下，也不要低估自愈能力的重要性和身体渴望康复的决心。

我相信健康使人快乐，也相信快乐使人健康。

// "I believe that health makes us happy, but the reverse also applies. I believe that a happy person is less likely to get ill than an unhappy person."

——伯特兰·罗素

（Bertrand Russell，英国哲学家）

疾病可能只是一个信号，提醒我们生活的平衡已经被打破，必须改变生活方式。我不知道是否有人研究健康和积极心态之间的关系，根据我的经验，两者是密切相关的。总是看到事情的负面并忧心忡忡的人会削弱身体的免疫系统，使自己更容易生病。

现代医学发现许多疾病都是由心理因素引起的，如皮肤病、胃肠道和冠状动脉疾病，甚至头痛，都和心理及精神状况密切相关。即使疾病是由其他因素引起的，康复的情况也在很大程度上受精神和心态的影响。

疾病并非突如其来，而是从违背自然的日常过失中发展而来的。

// "Illnesses do not come upon us out of the blue.They are developed from small daily sins against nature."

——希波克拉底

（Hippocrates，古希腊名医）

仔细想想这位史上著名医生的话。我们往往把疾病看作命运的打击，而忽略了它所传递的信息。许多疾病，即使不是全部，都与我们的心理、饮食和生活方式密切相关。

这并不意味着我们需要常常担心自己的健康，某些养生达人也正是因为担心太多而生病。为了在增加生活乐趣的同时改善健康，我们能够而且应该养成如下的习惯：每天锻炼、午休、健康饮食、培养积极的心态（比如，每天读几页这本书）等。如果一生只能开一辆车，你对待那辆车是不是就会格外小心和负责？照顾我们的身体就应该像照顾那辆车一样，因为它会陪伴我们一生。

只有疾病才让人懂得健康的可贵。

// "The feeling of health is acquired through illness."

——格奥尔格·克利斯托夫·利希滕贝格

（Georg Christoph Lichtenberg，德国物理学家）

只有失去了才知道珍惜，伴侣离开了才开始想念。健康状况也是如此。身体健康时，我们认为这是理所当然的。只有生病时，希望尽快康复，我们才意识到健康的身体是多么重要。这不是很荒谬吗？为什么不能在拥有健康的时候就重视它的价值，非要等到生病了才认识到它的重要性呢？

- 16 -
不要害怕犯错

// *Don't be Afraid to Make Mistakes*

承认错误如同扫去污垢，会让事物表面更加明亮。

// "Confession of errors is like a broom which sweeps away the dirt and leaves the surface brighter."

——圣雄甘地

（Mahatma Gandhi，印度民权运动领袖）

你还记得完全坦承自己错误时的感觉吗？那是一种巨大的解脱，因为公开承认错误显示了你的力量和自信。在别人敦促之前就承认自己的错误，生活会变得更容易。一旦你公开，错误就失去了伤害你的力量。

点子不好可以接受，我们害怕的不是馊主意而是没主意。

// "Bad ideas are OK. We're not afraid of bad ideas as much as having no ideas."

——马云

（Jack Ma，阿里巴巴集团创始人）

如果你在一年内想出二十个点子，并将十个付诸实施，很有可能其中一个就能推动你前进。我认识的成功企业家都是点子大王，但他们能保证所有的都是好点子吗？这些点子都能成功吗？当然不能，而且事实正好相反。马云鼓励他的员工培养自己的思维能力，他明白让他们不要害怕提出坏点子是多么重要。有时候，最初看起来糟糕的想法，在实践中得到完善和实施后，可能产生很好的结果。但是，如果因为害怕提出的想法不够好就不积极思考和实践，那么你已经失败了。

自我批评是明智之举，给我带来了真正的收获：第一，证明我是非常谦虚的人；第二，证明我是诚实的人；第三，剥夺了批评者谴责我的机会；第四，我希望大众提出一些有力的反驳意见。第五，我的小小举动使我成为最受尊敬的人。

// "To criticize yourself is smart.Say, I would scold myself to start: this brings me, first, the real gain that I'm a very modest man;for, second, who would not agree that I am full of honesty; besides, and third, I snatch the prey away from what the critics say; and, fourth, I hope the crowd presents some forceful counterarguments. So, in the end, my little rap makes me the most admired chap!"

——威廉·布施

（Wilhelm Busch，德国诗人）

发现自己犯了错误该怎么办？坐等老板或客户发现并批评你吗？遵循威廉·布施在这首诗中给出的建议，通过承认错误和自我批评先发制人，这不是更聪明吗？

试图否认自己的错误，甚至将其归咎于他人，只会让你的老板或客户更加恼怒。如果在老板或客户指出之前就公开承认自己的错误，则可以免受指责。尝试一下，也许老板会说："没关系，每个人都会犯错。"

有太多的事情值得期待，沉湎于已经发生的事情没有任何意义，结果也不会有任何改变。我们只能向前看。

// "We just figure there is so much to look forward to that there is no sense thinking of what we might have done.It just doesn't make any difference.You can only live life forward."

——沃伦·巴菲特

（Warren Buffett，美国投资人、亿万富翁）

你对自己的决定"后悔"过吗？对过去的错误念念不忘吗？这样做的意义何在呢？正如谚语所说："不要为打翻的牛奶哭泣。"的确不应该哭泣，因为你不能改变已经发生的事情。

从错误中吸取教训，确保不犯同样的错误，然后继续前进。把注意力集中在自己可控的，关乎未来的事情上，而不是盯着过去不放。"穿越"不是一个可行的选择，它只存在于幻想和科幻领域。你并不能回到过去，改变原有的结果。

为成功奋斗，而不是努力避免错误。

// "You should strive for success rather than striving to avoid mistakes."

——西里尔·诺斯古德·帕金森

（Cyril Northcote Parkinson，英国历史学家、记者）

世上有两种人：一种是尽量避免犯错，另一种是致力于找到解决问题的正确方法。前者很少追求卓越和出色的表现，他们一心想着如何回避风险，如何不犯错误，唯恐因自己的过失而带来严重的后果。他们喜欢效法别人，一旦出了差错，他们就堂而皇之地说其他人都是这么做的，以此希望老板能原谅他们的失败，毕竟谁也不能指望他们是最聪明人吧？

然而，以成功为导向的人，他们的思维和行为方式则完全不同。虽然他们也会尽量避免犯错，但这并不是他们关心的核心问题。他们知道，为了最后的成功，也许会犯更多、更大的错误。他们不在意别人在做什么，而是专注于自己认为最有效的办法。你是上面两类人中的哪一类呢？又希望成为哪一类呢？

公司的大多数错误都发生在经营良好的时候，而非运营不善的时候。

// "Companies make most of their mistakes during those times when they are doing well, not when they are doing badly."

——阿尔弗雷德·赫尔豪森

（Alfred Herrhausen，德国银行家）

企业的情况也适用于个人。当事情进展顺利的时候，我们往往会变得自大和粗心，认为所有的尝试都能成功。虽然这种感觉很好，但这也正是你最应该谨慎和警惕的时候！成功的人不仅擅长应对失败，更知道如何面对成功，这是一门艺术。例如，如果你收入高，就容易养成多花钱、少储蓄的习惯，从而为未来的经济危机埋下隐患。我们应该为事情进展顺利而欢欣鼓舞，但也应该未雨绸缪，因为春天和夏天之后就是秋天和冬天。

对错误的恐惧是官僚主义的根源，也是所有革新的敌人。

// "The fear of making mistakes is the cradle of bureaucracy and the enemy of any evolution."

——英格瓦·费奥多·坎普拉德

（Ingvar Feodor Kamprad，瑞典企业家、宜家家居创始人）

我们都应尽量避免犯错误，但如果太担心失败，就会阻碍行动，无法取得进步。有些人的行为准则是："多做，多错，少做，少错，不做就不错。"

甚至有人因为害怕犯错误而瞻前顾后，以至于很难做出决定。大多数错误都能在一段合理的时间内得到纠正，与害怕失败、无法做出决定而陷入僵局相比，这些错误对我们生活的负面影响是微不足道的。

真正有权威的人不怕承认错误。

// "A man who enjoys real authority will not be afraid to admit
mistakes."

——伯特兰·罗素

（Bertrand Russell，英国哲学家）

如果你受到的尊重和享有的权威来自你的专业知识和人性，而不是职位，那么承认错误应该不难。如果你知道自己是谁，能做什么，你就没有理由害怕自己的权威会因公开承认错误而被削弱。相反，这样做会为你赢得更多的尊重，会鼓励你的员工效仿你的做法。另外，如果你自己不以身作则，就很难说服员工主动承认错误。

失败者不愿在正确的地方，也就是从自身寻找失败的原因。

// "The vanquished are not willing to search for the reason for their defeat in the right place, that is in themselves."

——特奥多尔·冯塔纳

（Theodor Fontane，德国诗人）

　　监狱里的大多数囚犯都认为对自己的定罪是不公平的，认为自己是司法系统、社会，甚至不幸童年的受害者。如果连已定罪的囚犯都发现很难为自己的错误行为承担责任，那么对于我们来说，为较小的错误和失败承担责任又有多难呢？

　　将眼光望向别处，将错误归咎于他人，这的确很容易，但意义何在？我们只有毫无保留地对失败负责，才能从中吸取教训。

正视自己的错误，正视自己！只有彻底正视自己的弱点，我们才能改善自己的行为。与无能的人不同，那些能干且积极的人尽管更容易犯错误，但他们也能直面自己的错误。

// "Attempt to look your mistakes, and thus yourself, in the eye! Only by thoroughly confronting our weaknesses can we improve our performance. Competent and active people make the most mistakes; but the difference between them and the incompetent ones is that they confront their mistakes."

——维尔纳·奥托

（Werner Otto，德国企业家、亿万富翁）

　　人很难客观地对待自己，所以不容易认识到自己的错误。一个比较好的方法就是通过别人来提醒自己的错误和弱点。很多人不愿主动指出别人的弱点和错误，因为这往往费力不讨好。因此，你必须明确要求别人指出你的错误。当他们这样做时，请认真倾听，不要努力为自己辩护！即便对方已说完，也要坚持让其说得更具体和详细，以帮助你知道今后在哪些事情上你可以做得更好。写下他们说的话，然后问问自己能从错误中学到什么。是否能将自己不擅长的事情委派给他人？效仿成功人士的做法，制订并开始执行自我提升计划。

即使对方的批评有一些细微的不合理，不要把它当作不得了的大事喋喋不休地去追问，这是不自信的表现。对于毫无道理的指责，你应该为自己辩护，并以此了解别人对你的看法。不管怎样，询问别人的意见总是有价值的，也许他们会说到点子上。

- *17* -

克服障碍

// Overcoming Obstacles

困难越大，荣誉越高。

// "The greater the difficulty, the greater the glory."

——西塞罗

（Marcus Tullius Cicero，古罗马哲学家、演说家）

人总是喜欢回忆过去的胜利，并对自己的成就感到自豪，也会因告诉别人自己的成就而兴奋。解决问题有助于促进成长。解决问题就像负重训练一样：负荷越重，肌肉就会越发达。

所有的史诗故事也有同样的情节。英雄必须克服接踵而至的挑战，必须克服常人难以克服的困难，而正是这种"比生命更伟大"的品质让他们成为英雄。这是所有传奇英雄的故事，也是当代英雄的故事。苹果公司创始人史蒂夫·乔布斯，曾一度被解职，然后他又凯旋，带领苹果公司成为全球最有价值的企业。

我们仰视那些能够克服巨大障碍的人，我们的自信也会随着解决的一个又一个问题而增长。

研究成功者的经历会发现：他们从来不用任何平庸之辈的借口。

// "Study the lives of successful people and you'll discover this: all the excuses made by the mediocre fellow could be but aren't made by the successful person."

——大卫·J.施瓦茨

（David J.Schwartz，美国励志书作家）

在攀登顶峰的过程中，几乎没有人认为自己处于"理想位置"。有人必须与身体残疾作斗争，有人没有高学历，有人太年轻，而有些人则太老了难以承担艰巨的任务。他们甚至会说，对孩子和家庭的责任使他们不能完全投入工作。

事实上，所有这些人只是在为他们的失败寻找借口和理由。无数成功人士的传记告诉我们，他们正是在身患重疾或缺乏正规教育的情况下取得了成功，其中既有直到五六十岁才功成名就的，也有15岁就崭露头角的。他们不会让那些看似不可逾越的障碍阻挡自己前进的脚步，正因为如此，他们成功了。

每一次失败中都孕育着成功的种子。

// "Out of every failure comes the seed of a much greater success."

——拿破仑·希尔

（Napoleon Hill，美国励志书作家）

有时候，看似一次挫折或打击，却可能是积极转变的开始。很多人都是在被解雇后才踏入了后来成功的职业领域。每次失败都是生活对我们的考验，重要的是如何应对。是吸取教训重新站起来，还是抱怨命运或社会的不公？

自己去扭转失败的局面，并把它看作获得更大成功的机会。乍一听起来，拿破仑·希尔的建议有些奇怪。但如果每次面对失败的时候，都问自己，如何将失败变成更大的成功，那你的思想就已经重新确立了正确的方向。

放弃越快，失去越多。

// "Too much gets lost in the world because we give up on it
   too quickly."

——歌德

（Johann Wolfgang von Goethe，德国诗人）

这是暂时的挫折，还是彻底失败？你输掉的是一场战役还是整个战争？对这些问题的回答很大程度上取决于你自己的态度。如果你放弃得太快，就像歌德说的那样，那就是过早将暂时的失败当作最终的结果。弗里德里希·席勒在《玛丽·斯图尔特》一书中也说过类似的话："如果还没有放弃，那就不算彻底失败。"

如果你只为失败而懊恼，而不寻找原因，你会永远处于后悔中。

// "If you only regret the fact you failed, but not the reasons for it, you'll always be in a state of regret."

——马云

（Jack Ma，阿里巴巴集团创始人）

　　人们常说经验使人明智。如果事实如此，那么大多数人都应该比实际聪明。只有当你准确地分析并从中得出结论时，经验才使人明智。如果不了解失败和挫折的原因，就会继续犯同样的错误。正如马云所说："今天所犯的错应该帮助你明天更好、更快地成长。记住，不要再犯同样的错误！"

渺小的灵魂因成功而欢欣，因失败而沮丧。

// "Small souls are elated by success and dejected by failure."

——伊壁鸠鲁

（Epicurus，古希腊哲学家）

为成功而欢欣，为失败而痛惜，这是再自然不过的事。大脑用快乐和幸福来奖励成功，用痛苦和沮丧来惩罚失败。成功者与失败者的区别在于，前者在成功面前保持谦逊，同时不让失败打败自己，至少不让它长久地打败自己。我们既要学会应对失败，更要学会面对成功。如果允许失败打败自己，那就是在为下一次失败做准备。

每天，我都面对必须克服的问题与挑战。这是我的主要成就。从第一天开始，所有企业家都知道他们的人生是应对困难与失败的，而不是被定义"成功"的。我最艰难的时期尚未到来，但一定会来。近十年的创业经历告诉我，我们逃避不了困难，更不能让别人承受它——企业家必须能够面对失败而永不言弃。

// "Every day, I face challenges and encounter problems that must be overcome.This is my main achievement.From day one, all entrepreneurs know that their day is about dealing with difficulty and failure rather than defined by, success'.My most difficult time hasn't come yet, but it surely will.Nearly a decade of entrepreneurial experience tells me these difficult times can't be evaded or shouldered by others—the entrepreneur must be able to face failure and never give up."

——马云

（Jack Ma，阿里巴巴集团创始人）

有些人以为一旦有钱和成功，问题就会减少。马云认为这是一种错误的期望，因为问题不是消失了，而是增加了。每个企业家和高级经理都是解决问题的机器。公司的主要问题都摆在办公桌上，他们的真正任务是找到合适的解决方案。有问题是好的，我们通常在解决最大问题时取得最大进展。

那些没有杀死我的，终将使我更强大。

// "Whatever doesn't kill me makes me stronger."

——尼采

（Friedrich Nietzsche，德国哲学家）

有些读者可能觉得这句话太极端了，但它其实是有道理的。最重要的是，正是艰难困苦与重重危机推动着我们的个性成长与发展。有些人希望生活一帆风顺，这不仅不现实，对我们也毫无益处。问题和挑战能帮助我们成长，通过克服障碍，我们的力量和自信才能得以提升。

- 18 -

把烦恼抛诸脑后

// Keeping Your Worries at Bay

那些我一度担心的可怕的不幸，大多从未发生。

// "My life has been full of terrible misfortunes most of which
   never happened."

——蒙田

（Michel de Montaigne，法国哲学家、诗人）

你是否经常担忧未来，被健康、经济状况、婚姻、孩子等问题所困扰？我是否能应付糟糕的状况？如果被炒鱿鱼了我该怎么办？假如搭档离开了我，或是自己被诊断出重病，甚至付不起账单怎么办？这些恐惧一度使我们陷于崩溃。永远想象最坏的情况，你会被自己的想象折磨得精疲力尽。严谨地审视自己：有多少你过去担心的事情真正发生了？如果大多数都未曾发生，究竟是什么使你认为将来就可能出现变化？用可能永远不会发生的事情来吓唬和折磨自己，它的意义何在？

哀悼过去的伤害会招致新的伤害。

// "To mourn a mischief that is past and gonels the next way to draw new mischief on."

——莎士比亚

（W.Shakespeare，英国剧作家）

　　我们都抱怨过自己的霉运，这种呻吟偶尔可以起到一定的缓解作用。但最好不要长时间地沉溺于过去的不幸，要正视已经发生的事情，并开始向前看而不是向后看。有些人花几个星期、几个月甚至几年的时间来抱怨过去的不幸或"不公"，诉说自己的健康问题、老板的偏心、同事的欺凌及伴侣的不理解，希望得到周围人的同情，但最终只会让自己更紧张，并招致更多接踵而至、难以摆脱的坏事。

恐惧出现时，随之而来的是一种渴望，对与你所怕之事正好相反的事物的渴望。把你的注意力集中在这种渴望上吧，主观总会战胜客观。你潜意识的无限力量正带领着你一路高歌猛进，向胜利出发。

// "When fear arises, there immediately comes with it a desire for something opposite to the thing feared. Place your attention on the thing immediately desired. Get absorbed and engrossed in your desire, knowing that the subjective always overturns the objective. …The infinite power of your subconscious mind is moving on your behalf, and it cannot fail."

——约瑟夫·墨菲

（Joseph Murphy，美国励志书作家）

有时，我们被焦虑所困扰，觉得无力与之斗争。而这种焦虑还会引发恐惧和紧张。当感到恐惧时，尽量遵循约瑟夫·墨菲的建议。如果你害怕疾病，那就渴望健康。一旦产生了对疾病的恐惧，必须在精神上命令自己停止这种担忧，并把自己想象成一个健康的，充满活力的人。设想从疾病中康复的美妙感觉，想象朋友像在电影里看到的那样对你说："你最近干什么了，看上去状态不错。"

神啊，求你赐予我们恩典，使我们平静地接受不能改变之事，勇敢地改变应改变之事，拥有区分两者的智慧。

// "God, give us Grace to accept with serenity the things that cannot be changed, Courage to change the things which should be changed,and the Wisdom to distinguish the one from the other."

——雷茵霍尔德·尼布尔

（Reinhold Niebuhr，美国神学家）

你为一些无能为力的问题忧虑、担心，到底浪费了多少精力？节省精力，用于力所能及的事情，难道不是更明智吗？对任何人来说，接受既成事实都不容易。但是，当灾难真正降临时——比如严重的疾病——你终究不得不接受。分辨事情能否改变并不容易，但是，坚持某些原则会让事情变得简单，那就是你永远，我重复一遍：永远不要为已经发生的事情忧心忡忡。

无论事情发生在半个世纪还是半小时前都无关紧要，结果无法改变。担心只会让你筋疲力尽，那是用过去的负担挑战现在和未来。正如史蒂夫·乔布斯所言："让我们去耕耘明天，而不是担心昨天。"

比不幸更糟糕的是对不幸的恐惧。

// "The misfortunes that befall us are rarely as bad as the
misfortunes we fear."

——席勒

（Friedrich Schiller，德国诗人）

　　想象的力量可以是一部振奋、鼓舞人心的电影，让人
联想到积极的、充满力量的画面。但也可以像恐怖电影一
样可怕。许多人不断地在脑海中炮制恐怖电影，他们不断
地想象所有可能发生的可怕事情，将想象力置于最糟糕的
噩梦场景中并肆意横行。除了现实生活中偶尔发生的不幸
之外，更糟糕的不幸存在于我们的想象中。

一小时的辛勤劳动，比一个月的呻吟能带来更多快乐，并能抑制消极情绪，让人重新振作。

// "An hour's industry will do more to produce cheerfulness, suppress evil humors, and retrieve one's affairs, than a month's moaning."

——伊萨克·巴罗

（Isaac Barrow，英国数学家）

工作会转移注意力，让你暂忘忧虑。所以真正解决焦虑的良方莫过于全神贯注地把自己"沉浸"于工作中。

这就是为什么医生经常用"职业疗法"治疗精神病患者，同样的方法也有益于那些过度担忧的健康人群。下次遇到危机时，无论是你的伴侣刚刚去世，还是其他原因——试着让自己沉浸在你的工作中！这种方法除了分散注意力之外，还会带来积极的"副作用"，即提升士气，因为你很可能在工作中取得成功。如果生活的某些方面进展得不顺利，那么就从其他地方获得快乐、满足和认可吧，这对你的自尊和精神健康尤为重要。

如果我们不能使自己的内心平静，那么到他处找寻也毫无意义。

// "If we are incapable of finding peace in ourselves, it is pointless to search elsewhere."

——弗朗索瓦·德·拉罗什福科

（François de La Rochefoucauld，法国诗人、外交官）

你可以换工作，可以搬到其他的城市或国家，或者去遥远的岛屿旅行。可是无论到哪里，你依然是你——你永远不会把自己的思维或想法抛诸脑后。如果不能改变自己的思维方式，到新的地方也于事无补。

压力并非产生于外部环境，它来源于我们处理外部环境的方式。有时候，改变外部环境可能有一定的意义或帮助，但我们常常自欺欺人地认为新的开始就会让烦恼和问题烟消云散。如果我们继续纠结于同样的事情，而不是学着转移注意力，找到内心的平静，那么外部环境的改变并不会带来不同的结果。佛陀说过：宁静来自内心，勿向外寻求。

人名索引

// Index of Names

Augustine of Hippo (354~430)
奥古斯丁，古罗马哲学家 **151**

Marcus **Aurelius** (121~180)
马可·奥勒留，罗马帝国皇帝、哲学家 **4、101**

Isaac **Barrow** (1630~1677)
伊萨克·巴罗，英国数学家 **212**

Frank **Bettger** (1888~1981)
弗兰克·贝特格，美国顶级销售大师 **112、120、121、154**

Michael **Bloomberg** (1942~)
迈克尔·布隆伯格，美国亿万富翁、纽约市前市长 **100**

Richard **Branson** (1950~)
理查德·布兰森，英国亿万富翁、维珍集团创始人 **18**

Warren **Buffett** (1930~)
沃伦·巴菲特，美国投资人、亿万富翁 **39、41、55、103、186**

Wilhelm **Busch** (1832~1908)
威廉·布施，德国诗人 **185**

Thomas **Carlyle** (1795~1881)
托马斯·卡莱尔，苏格兰历史学家、哲学家　**96、146**

Dale **Carnegie** (1883~1955)
戴尔·卡耐基，美国励志书作家　**124**

Coco **Chanel** (1883~1971)
可可·香奈儿，法国时尚设计师　**129**

Marcus Tullius **Cicero** (106~43 BC)
西塞罗，古罗马哲学家、演说家　**197**

Confucius (551~479 BC)
孔子，中国古代哲学家　**5、51**

Leonardo **da Vinci** (1452~1519)
列奥纳多·达·芬奇，意大利艺术家、雕塑家　**99**

Charles **de Gaulle** (1890~1970)
夏尔·戴高乐，法国前总统、将军、政治家　**44**

Michael **Dell** (1965~　)
迈克尔·戴尔，美国亿万富翁、戴尔公司创始人　**22**

Benjamin **Disraeli** (1804~1881)
本杰明·迪斯雷利，英国前首相、作家　**145**

Chen **Duxiu** (1879~1942)
陈独秀，中国新文化运动的倡导者之一　**52**

Albert **Einstein** (1879~1955)
阿尔伯特·爱因斯坦，物理学家　**58、59、78、157**

T. Harv **Eker** (1954~　)
　　哈维 · 艾克，美国励志书作家　**17、102、139**

Epicurus (341~270 BC)
　　伊壁鸠鲁，古希腊哲学家　**164、202**

Timothy **Ferriss** (1977~　)
　　蒂莫西 · 费里斯，美国励志书作家　**35、42、97**

Johann Gottlieb **Fichte** (1762~1814)
　　约翰 · 戈特利布 · 费希特，德国哲学家　**152**

Theodor **Fontane** (1819~1898)
　　特奥多尔 · 冯塔纳，德国诗人　**191**

Malcolm Stevenson **Forbes** (1947~　)
　　马尔科姆 · 史蒂文森 · 福布斯，美国出版家　**141**

Henry **Ford** (1863~1947)
　　亨利 · 福特，美国企业家　**111、131**

John **Foster** (1921~2000)
　　约翰 · 福斯特，英国神学家、散文家　**25**

John **Fowles** (1926~2005)
　　约翰 · 福尔斯，英国作家　**56**

Mahatma **Gandhi** (1869~1948)
　　圣雄甘地，印度民权运动领袖　**60、159、183**

Bill **Gates** (1955~　)
　　比尔 · 盖茨，微软公司创始人　**84**

Johann Wolfgang von **Goethe** (1749~1832)

歌德，德国诗人 **45、130、200**

Farrah **Gray**, (1984~)

法拉·格雷，美国白手起家的亿万富翁 **72**

Christian Friedrich **Hebbel** (1813~1863)

克里斯蒂安·弗里德里克·赫布尔，德国剧作家、诗人 **87、158**

Gustav **Heinemann** (1899~1976)

古斯塔夫·海涅曼，德意志联邦共和国第三任总统 **83**

Alfred **Herrhausen** (1930~1989)

阿尔弗雷德·赫尔豪森，德国银行家 **188**

Hermann **Hesse** (1877~1962)

赫尔曼·黑塞，瑞士作家 **20**

Napoleon **Hill** (1883~1970)

拿破仑·希尔，美国励志书作家 **24、199**

Hippocrates (公元前 460~ 公元前 370)

希波克拉底，古希腊名医 **178**

Tom **Hopkins**

汤姆·霍普金斯，美国销售培训大师、作家 **117、118**

Victor **Hugo**(1802~1885)

维克多·雨果，法国作家 **108**

Mick **Jagger** (1943~)

米克·贾格尔，滚石乐队联合创始人 **19**

William **James**(1842~1910)

　　威廉·詹姆斯，美国心理学家、哲学家　**104**

Steve **Jobs** (1955~2011)

　　史蒂夫·乔布斯，苹果公司创始人　**93、147、153**

Samuel **Johnson** (1709~1784)

　　塞缪尔·约翰逊，英国作家、文学评论家和诗人　**86**

Oliver **Kahn** (1969~)

　　奥利弗·卡恩，德国足球运动员，三次获得"世界最佳门员"殊荣　**171**

Ingvar Feodor **Kamprad** (1926~)

　　英格瓦·费奥多·坎普拉德，瑞典企业家，宜家家居创始人　**189**

Immanuel **Kant** (1724~1804)

　　康德，德国哲学家　**31**

Garry **Kasparov** (1963~)

　　加里·卡斯帕罗夫，俄罗斯国际象棋大师　**81**

Robert T. **Kiyosaki** (1947~)

　　罗伯特·T.清崎，美国企业家、作家　**114**

Sebastian **Kneipp** (1821~1897)

　　塞巴斯蒂安·克奈普，德国牧师、水疗师　**175**

Georg Christoph **Lichtenberg** (1742~1799)

　　格奥尔格·克利斯托夫·利希滕贝格，德国物理学家　**179**

Jack **Ma** (1964~)

　　马云，阿里巴巴集团创始人　**12、61、67、133、184、201、203**

Orison Swett **Marden** (1850~1924)
  奥里森·斯威特·马登，美国企业家、励志书作家　**7、34、40**

Niccolò **Machiavelli** (1469~1527)
  马基雅维利，意大利政治家、思想家、历史学家　**79**

Michelangelo (1475~1564)
  米开朗琪罗，意大利画家、雕塑家、建筑师　**15**

Michel de **Montaigne** (1533~1592)
  蒙田，法国哲学家、诗人　**207**

Gordon **Moore** (1929~　)
  戈登·摩尔，美国 IT 业先驱、英特尔公司联合创始人　**77**

Joseph **Murphy** (1898~1981)
  约瑟夫·墨菲，美国励志书作家　**9、26、28、209**

Reinhold **Niebuhr**，(1892~1971)
  雷茵霍尔德·尼布尔，美国神学家　**210**

Friedrich **Nietzsche** (1844~1900)
  尼采，德国哲学家　**161、169、204**

David **Ogilvy** (1911~1999)
  大卫·奥格威，英国广告业大亨　**119、162、163**

Werner **Otto** (1909~2011)
  维尔纳·奥托，德国企业家、亿万富翁　**94、106、192**

Ovid（公元前 43~ 公元 17）
  奥维德，古罗马诗人　**140**

Cyril Northcote **Parkinson** (1909~1993)
西里尔·诺斯古德·帕金森，英国历史学家、记者 **105、187**

Michael **Polanyi**，(1891~1976)
英籍犹太裔哲学家和博学家 **63**

François de La **Rochefoucauld**，(1613~1680)
弗朗索瓦·德·拉罗什福科，法国诗人、外交官 **213**

John Davison **Rockefeller** (1839~1937)
约翰·戴维森·洛克菲勒，美国企业家 **95、160**

Franklin D. **Roosevelt** (1882~1945)
富兰克林·D. 罗斯福，第32届美国总统 **3**

Jean-Jaques **Rousseau** (1712~1778)
让－雅克·卢梭，法国哲学家 **170**

Bertrand **Russell** (1872~1970)
伯特兰·罗素，英国哲学家 **177、190**

Friedrich **Schiller** (1759~1805)
席勒，德国诗人 **211**

Arthur **Schopenhauer** (1788~1860)
叔本华，德国哲学家 **85、138、176**

Howard **Schultz** (1952~)
霍华德·舒尔茨，星巴克公司创始人 **115**

Arnold **Schwarzenegger** (1947~)

阿诺德·施瓦辛格，美国健美运动员、演员、政治家　**27、46、69、70、122**

David J. **Schwartz** (1970~)
大卫·J.施瓦茨，美国励志书作家　**32、98、198**

William **Shakespeare** (1564~1616)
莎士比亚，英国剧作家　**208**

Benedict de **Spinoza** (1632~1677)
本尼迪克·斯宾诺莎，荷兰哲学家　**135**

Gustav **Stresemann** (1878~1929)
古斯塔夫·施特雷泽曼，德国政治家　**57**

Harry Stack **Sullivan** (1892~1949)
哈里·斯塔克·沙利文，美国心理学家　**136**

Jonathan **Swift** (1667~1745)
乔纳森·斯威夫特，爱尔兰作家　**10**

Leo **Tolstoy** (1828~1910)
列夫·托尔斯泰，俄国作家　**6、11**

Brian **Tracy** (1944~)
布莱恩·特雷西，美国励志书作家　**91**

Eldrick "Tiger" **Woods** (1975~)
泰格·伍兹，职业高尔夫球手　**71**

Steve **Wozniak** (1950~)
史蒂夫·沃兹尼亚克，苹果公司联合创始人　**23**

关于编撰者

// About the Author

雷纳·齐特尔曼博士（Dr. Dr. Rainer Zitelmann）不仅写了关于成功的书，而且在许多领域也取得了巨大的成功。齐特尔曼 1957 年出生于德国法兰克福，大学里主修历史学和政治学，1986 年以优异成绩获博士学位，其博士论文聚焦于希特勒研究，该论文此后得以正式出版（*The Policies of Seduction*），并获得全世界的关注和赞誉。

20 世纪 80 年代末和 90 年代初，齐特尔曼在柏林自由大学中央社会科学研究所工作。之后获邀担任当时已是德国第三大图书出版集团 Ullstein-Propyläen-Verlag 的总编辑。1992~2000 年，他在德国最重要、最受尊敬的一家日报社《世界报》（*Die Welt*）工作，历任多个部门的主管；2000 年他创办了自己的公司（Dr. ZitelmannPB. GmbH）。该公司现已发展成为德国处于领先地位的房地产咨询顾问公司，并在 2016 年由齐特尔曼博士出售给他的合伙人。

齐特尔曼因为经营房地产企业和投资房地产而致富。2016 年，他又凭借关于超级富豪心理学研究的论文获得了第二个博士学位。迄今为止，他已撰写和出版了 21 本书，以多种语言发行，并在全球范围内获得了成功。

关于本书

《成功说》是一本鼓舞人心的纲要性的书，里面收录了150多条格言，以及结合实践对其展开的评论。这本书汇集了哲学家、企业家、科学家和艺术家的名言金句。阅读本书仿佛是在与阿尔伯特·爱因斯坦、米开朗琪罗、亨利·福特、史蒂夫·乔布斯、约翰·洛克菲勒、圣雄甘地，以及许多其他伟大人物进行对话。

《成功说》一书不仅谈论远大的理想，还提倡建立在诚信、自立和常识基础上且亘古不变的"成功"标准。它超越了专业领域对成功的狭隘定义，并涵盖了个人幸福、社会互动和公民责任。

本书与众不同之处在于其人性化的编撰和评论。它鼓励读者不必追求完美，只需亲自动手，在实践中不断进步与提高，最终必会取得成功。这本书不是专业的学术文献，也非狂热的自我激励手册。相反，它采用一种自我批判的态度探询这些名言金句对我们究竟意味着什么？我们如何从这些经典智慧中获益？哪些价值观可以真正带来影响？

如果你想在生活中脱颖而出，你应该阅读本书！

目标读者

· 公司董事、高管和商业／专业人士

· 本书适合每一位有梦想和有勇气追求个人成长的人。对他们而言，阅读这本书是一次富有远见和发人深省的旅程。

销售建议

· 编撰者是国际知名的学者和成功商人，其有关历史、金融和成功学的著作已被翻译成多种语言。

· 对于有成功抱负的人来说，本书简便易读。

· 由于时尚的设计，本书也适合作为礼物赠予他人。

图书在版编目（CIP）数据

成功说 / （德）雷纳·齐特尔曼
(Rainer Zitelmann) 编撰；蔡平莉译. -- 北京：社会
科学文献出版社，2019.6
（思想会）
书名原文：Speaking of success
ISBN 978-7-5201-4761-3

Ⅰ. ①成…　Ⅱ. ①雷…　②蔡…　Ⅲ. ①成功心理-通
俗读物　Ⅳ. ①B848.4-49

中国版本图书馆CIP数据核字（2019）第075582号

·思想会·

成功说

编　　撰 /	〔德〕雷纳·齐特尔曼（Rainer Zitelmann）	
译　　者 /	蔡平莉	
校　　者 /	邬明晶	
出 版 人 /	谢寿光	
责任编辑 /	祝得彬　吕　剑	
出　　版 /	社会科学文献出版社·当代世界出版分社（010）59367004	
	地址：北京市北三环中路甲29号院华龙大厦　邮编：100029	
	网址：www.ssap.com.cn	
发　　行 /	市场营销中心（010）59367081　59367083	
印　　装 /	北京盛通印刷股份有限公司	
规　　格 /	开　本：889mm×1194mm 1/64	
	印　张：3.6875　字　数：110千字	
版　　次 /	2019年6月第1版　2019年6月第1次印刷	
书　　号 /	ISBN 978-7-5201-4761-3	
著作权合同		
登 记 号 /	图字01-2019-2802号	
定　　价 /	38.80元	

本书如有印装质量问题，请与读者服务中心（010-59367028）联系

出版社官方微信
www.ssap.com.cn

思想会官方微信

ISBN 978-7-5201-4761-3

9 787520 147613 >

定价: 38.80元